LA GUÍA RESPONSABLE DE PÉPTIDOS

Blends, preparación, tiempos de uso, riesgos, conversiones y criterios de seguridad

Es una obra educativa diseñada para ayudarte a comprender uno de los temas más comentados dentro del bienestar, la estética, la longevidad, la recuperación y la optimización física: los péptidos.

Este libro no promueve la automedicación ni presenta protocolos universales. Su propósito es ofrecer información clara y responsable sobre qué son los péptidos, cómo se clasifican, qué diferencias existen entre productos aprobados, experimentales, comerciales o research, y por qué cada compuesto debe evaluarse dentro de un contexto real de seguridad.

A través de explicaciones sencillas, fichas prácticas, tablas visuales y herramientas de consulta, aprenderás a interpretar conceptos como concentración, reconstitución, miligramos, microgramos, unidades de jeringa, blends comerciales, tiempos de uso descritos, análisis de laboratorio, señales de alerta y criterios de reevaluación.

Más que una guía de uso, este libro es una guía de criterio.

Porque en salud, más compuestos no siempre significan mejores resultados. La verdadera estrategia empieza por entender el cuerpo, medir el terreno, reconocer riesgos y tomar decisiones informadas.

Infórmate antes de confiar. Comprende antes de actuar.

ARGELIA QUEVEDO

AF872783

LA GUÍA RESPONSABLE DE PÉPTIDOS

Blends, preparación, tiempos de uso, riesgos, conversiones y criterios de seguridad

ISBN: 979-8-9999998-9-4

NÚMERO DE CONTROL DE LA BIBLIOTECA DEL CONGRESO:

2026919497

EDICIÓN: FLG PUBLISHER LLC

Publicado en los Estados Unidos de América por:

FLG PUBLISHER LLC

WEB: www.jcserven.om

Todos los derechos reservados. Ninguna parte de esta publicación puede ser reproducida, almacenada o transmitida de ninguna forma o por ningún medio (electrónico, mecánico, fotocopia, grabación o de otro tipo) sin el permiso previo por escrito del autor o editor.

Publicado por FLG Publisher LLC
Autor: ARGELIA QUEVEDO

FLG
PUBLISHER

Índice

Aviso importante

Este libro tiene fines exclusivamente educativos e informativos. No constituye consejo médico, diagnóstico, prescripción, recomendación terapéutica ni indicación de uso de ningún péptido, medicamento, hormona, suplemento, producto inyectable o sustancia de investigación.

La información presentada busca ayudar al lector a comprender qué son los péptidos, cómo se clasifican, qué usos se investigan o se comercializan, qué riesgos pueden existir y qué errores comunes conviene evitar.

Este libro no promueve la automedicación, el uso recreativo, el uso no supervisado ni la compra de productos no aprobados, no regulados o de procedencia dudosa.

Muchos péptidos mencionados pueden estar en fase de investigación, no estar aprobados para uso humano o contar con datos limitados de seguridad a largo plazo. Otros pueden tener usos médicos específicos y estar sujetos a regulaciones distintas según el país, el producto, la indicación y el contexto clínico.

Que un péptido exista naturalmente en el cuerpo no significa que administrarlo desde fuera sea automáticamente seguro, necesario o apropiado para todas las personas.

Antes de considerar cualquier intervención relacionada con péptidos, hormonas, medicamentos metabólicos, productos inyectables o sustancias de investigación, el lector debe consultar con un profesional de la salud cualificado.

Las secciones donde se mencionen preparación, reconstitución, concentración, conversión de unidades, dosis descritas en estudios o tiempos de uso reportados tienen un propósito educativo. No deben interpretarse como instrucciones personalizadas, indicaciones clínicas ni recomendaciones de uso.

La curiosidad puede abrir la puerta al conocimiento, pero siempre debe ir acompañada de responsabilidad, prudencia y supervisión profesional.

Prefacio

Los péptidos se han convertido en uno de los temas más comentados dentro de la salud, la longevidad, el rendimiento físico, la pérdida de grasa, la recuperación y la optimización hormonal.

Pero junto con el interés también ha crecido la confusión.

Hoy muchas personas escuchan nombres de péptidos antes de entender qué son. Ven supuestos protocolos antes de conocer los riesgos. Copian combinaciones sin saber si tienen sentido para su contexto. Y, en muchos casos, reciben información de personas que no explican con claridad los límites, la evidencia disponible ni los criterios básicos de seguridad.

- Este libro nace para ordenar esa conversación.
- No es una guía para automedicarse.
- No es una invitación a usar péptidos.
- No reemplaza la evaluación médica.
- No promete resultados.

Es una guía informativa para entender mejor este tema desde una perspectiva clara, responsable y práctica.

Los péptidos son cadenas de aminoácidos que pueden actuar como señales dentro del cuerpo. Muchos existen naturalmente y participan en procesos como apetito, sueño, reparación, inflamación, metabolismo, fertilidad, recuperación y comunicación hormonal.

Pero natural no significa automáticamente seguro.

El cuerpo trabaja con equilibrio, ritmos, pulsos, cantidades específicas y mecanismos de retroalimentación. Introducir una señal desde fuera puede generar efectos distintos a los que ocurren naturalmente dentro del organismo.

La intención de este libro es ayudar al lector a comprender conceptos, comparar información, hacer mejores preguntas y reconocer posibles riesgos antes de considerar cualquier decisión relacionada con este tema.

En un mercado lleno de promesas rápidas, esta guía busca aportar claridad, prudencia y responsabilidad.

Prólogo

Durante años, los péptidos fueron un tema reservado principalmente para laboratorios, médicos, investigadores y algunos atletas avanzados. Hoy aparecen en redes sociales, clínicas wellness, podcasts, foros de fitness y conversaciones sobre longevidad.

Ese crecimiento tiene dos caras.

Por un lado, es positivo que más personas quieran aprender sobre su salud y comprender mejor cómo funciona su cuerpo. Por otro lado, puede ser riesgoso cuando una herramienta biológica se vuelve popular antes de ser bien entendida.

Muchos péptidos se presentan como soluciones rápidas para perder grasa, dormir mejor, apoyar la recuperación, mejorar la composición corporal, cuidar la piel, influir en la libido o aumentar la energía. Algunas de esas conversaciones tienen base científica. Otras son exageradas. Y otras responden más al marketing que a la evidencia.

El objetivo de este libro es separar la señal del ruido.

Aquí no se trata de afirmar que todos los péptidos son buenos ni que todos son peligrosos. Se trata de entender que cada compuesto debe evaluarse según su mecanismo, evidencia disponible, estado regulatorio, posibles riesgos, calidad del producto, contexto individual y necesidad de supervisión profesional.

Una pregunta responsable no es solo: "¿funciona?"

También conviene preguntar:

¿Para qué se investiga?

¿Qué evidencia existe?

¿Qué riesgos se han descrito o podrían existir?

¿Está aprobado, es experimental o se comercializa bajo otra categoría?

¿Qué parámetros deberían evaluarse con orientación profesional?

¿Tiene sentido para ese objetivo específico?

¿Existe una opción más simple, mejor estudiada o con menor riesgo?

Este libro busca que el lector piense antes de actuar.

Porque en salud, entender es más importante que seguir tendencias.

Introducción

Los péptidos son cadenas cortas de aminoácidos. Los aminoácidos son piezas básicas que forman proteínas y participan en numerosas funciones importantes del cuerpo.

En términos simples, un péptido puede actuar como un mensaje biológico.

El cuerpo utiliza péptidos para comunicarse internamente. Algunos participan en el hambre y la saciedad. Otros intervienen en procesos relacionados con la reparación de tejidos, el sueño, la inflamación, el metabolismo, la función hormonal, la fertilidad, el sistema inmune o la recuperación.

Con el paso del tiempo, factores como el estrés, la mala calidad del sueño, la resistencia a la insulina, la inflamación crónica, el exceso de grasa visceral, el sedentarismo y los cambios hormonales pueden alterar muchas de estas señales.

Por eso los péptidos han despertado tanto interés.

Muchas personas buscan más energía, mejor composición corporal, mejor recuperación, menos grasa, mejor sueño, mejor piel, mejor libido o mayor sensación de vitalidad.

Pero esta guía parte de una idea esencial:

Que una señal exista en el cuerpo no significa que deba manipularse sin criterio.

No todos los péptidos tienen el mismo nivel de evidencia, seguridad o regulación. Algunos son medicamentos aprobados para usos específicos. Otros se encuentran en investigación. Otros se comercializan en mercados wellness o research con respaldo clínico limitado, calidad variable y regulaciones diferentes según el país.

A lo largo de esta guía se explicarán fundamentos, mediciones, jeringas, reconstitución, concentración, blends comerciales, categorías principales, fichas de péptidos, riesgos, análisis de laboratorio y errores comunes.

Cuando se mencionen cantidades, tiempos de uso o preparaciones, se utilizarán expresiones como "dosis descritas en estudios", "tiempos de uso reportados" o "ejemplos educativos de concentración" para dejar claro que se trata de información informativa, no de recomendaciones personalizadas.

El objetivo de este libro es simple:

ayudar al lector a entender los péptidos con claridad, responsabilidad y sentido práctico.

Cómo usar esta guía

Esta guía está diseñada para leerse de dos maneras.

La primera es leerla de principio a fin. Esta forma permite comprender los fundamentos: qué son los péptidos, cómo funcionan en el cuerpo, cómo se miden, qué riesgos pueden presentar y por qué no todos pertenecen a la misma categoría.

La segunda es usarla como manual de consulta rápida. El lector puede buscar una categoría, revisar un péptido específico, analizar un blend comercial o consultar una tabla de conversión cuando necesite aclarar un concepto puntual.

No es necesario memorizarlo todo.

Lo importante es aprender a interpretar la información con criterio.

Antes de analizar un péptido, conviene hacerse tres preguntas básicas:

¿Qué señal biológica modifica?

¿Qué evidencia existe sobre ese compuesto?

¿Qué riesgos podría tener según mi contexto, historial y condición actual?

Antes de analizar un blend o mezcla comercial, conviene preguntar:

¿Qué contiene realmente?

¿Cuánto contiene de cada ingrediente?

¿La combinación tiene una lógica clara o solo suena atractiva desde el punto de vista comercial?

Antes de revisar una preparación educativa, conviene recordar cuatro ideas simples:

- Los miligramos indican cantidad.
- Los mililitros indican volumen.
- Las unidades indican volumen dentro de una jeringa de insulina.
- La concentración es lo que conecta la cantidad con el volumen.

Esta guía no debe usarse para automedicarse ni para tomar decisiones clínicas por cuenta propia. Su propósito es ayudar al lector a entender conceptos, comparar información, detectar errores comunes y hacer mejores preguntas a profesionales cualificados.

La meta no es que el lector termine queriendo usar más compuestos. La meta es que aprenda a reconocer cuándo algo tiene sentido, cuándo requiere más información y cuándo es mejor detenerse.

Una buena guía no solo enseña qué existe.

También enseña a mirar con prudencia antes de decidir.

Capítulo 1

Qué son los péptidos

Los péptidos son cadenas cortas de aminoácidos.

Los aminoácidos son unidades básicas que el cuerpo utiliza para formar proteínas y participar en numerosas señales biológicas. Cuando varios aminoácidos se unen en una cadena relativamente corta, hablamos de un péptido. Cuando la cadena es más larga, compleja y estructurada, normalmente hablamos de una proteína.

Pero lo más importante no es solo el tamaño.

Lo más importante es la función.

Muchos péptidos actúan como mensajeros dentro del cuerpo. Ayudan a que células, órganos, tejidos y glándulas se comuniquen entre sí. Pueden participar en procesos relacionados con el apetito, el sueño, la inflamación, la reparación, la glucosa, el metabolismo, la fertilidad, la presión arterial, la recuperación y la función hormonal.

En palabras simples, un péptido puede funcionar como una señal biológica.

Esa señal puede indicarle al cuerpo que active, reduzca o module una función específica.

Por eso los péptidos despiertan tanto interés. No son simples nutrientes ni sustancias aisladas sin contexto. Muchos pueden influir en rutas biológicas concretas y, por esa razón, deben entenderse con cuidado.

Esa misma capacidad exige responsabilidad.

Modificar una señal biológica puede tener efectos relevantes, pero también puede generar respuestas no deseadas si se interpreta de forma incorrecta, si se usa fuera de contexto, si el producto no tiene calidad verificable o si no existe supervisión profesional.

Puntos clave

Los péptidos son cadenas cortas de aminoácidos.

Muchos existen naturalmente en el cuerpo.

Pueden actuar como señales biológicas.

Participan en procesos como metabolismo, sueño, inflamación, reparación y comunicación hormonal.

No todos tienen el mismo nivel de evidencia.

No todos están aprobados para uso humano.

Natural no significa automáticamente seguro.

Error común

Pensar que, porque el cuerpo produce una sustancia de forma natural, administrarla desde fuera siempre será seguro, necesario o apropiado.

Resumen práctico

Los péptidos pueden ser herramientas biológicas de interés, pero deben entenderse como señales, no como soluciones generales. Antes de hablar de mezclas, preparaciones o dosis descritas en estudios, es necesario comprender qué señal se está modificando, con qué propósito, con qué evidencia y bajo qué criterios de seguridad.

Capítulo 2

Cómo funcionan en el cuerpo

El cuerpo humano depende de la comunicación.

Las células necesitan enviar y recibir mensajes constantemente. El cerebro se comunica con las glándulas. El intestino se comunica con el cerebro. El sistema inmune responde a lesiones, infecciones y señales de inflamación. Los tejidos necesitan instrucciones para reparar, adaptarse, crecer, reducir inflamación o conservar equilibrio.

Los péptidos forman parte de ese lenguaje interno.

Algunos actúan de forma local, cerca del lugar donde se producen. Otros viajan por la sangre y pueden generar efectos en diferentes órganos o tejidos. Algunos se relacionan con la alimentación. Otros aparecen en contextos como el sueño, el estrés, el ejercicio, la recuperación o una lesión.

El cuerpo no libera estas señales al azar.

Las regula según necesidad, ritmo y contexto.

Por ejemplo, ciertas señales ayudan a controlar el hambre y la saciedad. Otras participan en la liberación hormonal. Algunas intervienen en la reparación de tejidos. Otras ayudan a modular inflamación, sueño, metabolismo o respuesta inmune.

El punto más importante es que los péptidos no trabajan solos.

Una señal puede influir en varias rutas al mismo tiempo. Modificar señales relacionadas con el apetito puede afectar la nutrición, la glucosa, el peso corporal y la digestión. Modificar señales relacionadas con crecimiento y recuperación puede influir en glucosa, IGF-1, retención de líquidos o sensibilidad metabólica. Modificar señales hormonales puede afectar otros ejes del cuerpo.

Por eso, el contexto importa.

No basta con preguntar qué hace un péptido. También conviene preguntar dónde actúa, qué sistema modifica, qué evidencia existe, qué riesgos se han descrito y qué otras áreas podrían verse afectadas.

Puntos clave

Los péptidos ayudan a la comunicación celular.

Pueden participar en procesos relacionados con apetito, sueño, reparación, inflamación, hormonas, metabolismo y respuesta inmune.

El cuerpo los libera con ritmo, propósito y regulación.

Una misma señal puede afectar más de un sistema.

No deben interpretarse como moléculas aisladas.

El contexto individual es fundamental para evaluar cualquier información sobre péptidos.

Error común

Pensar que un péptido solo hace una cosa y que su efecto puede separarse por completo del resto del cuerpo.

Resumen práctico

Los péptidos funcionan como mensajes biológicos. Para entenderlos, no basta con saber el nombre ni escuchar una promesa comercial. Hay que comprender qué ruta modifican, qué efecto se busca, qué evidencia existe y qué otros sistemas podrían verse afectados.

Capítulo 3

Edad, estrés y señales biológicas

Con la edad, el estrés y el estilo de vida, muchas señales del cuerpo pueden cambiar.

Esto no significa que el cuerpo se "apague" de un día para otro. Significa que algunos sistemas pueden perder eficiencia, ritmo o capacidad de respuesta.

Muchas personas empiezan a notar cambios como:

- Menos energía.
- Peor calidad del sueño.
- Más grasa abdominal.
- Menor masa muscular.
- Recuperación más lenta.
- Menor libido.
- Más inflamación.
- Más ansiedad.
- Peor tolerancia al estrés.

Estos cambios no dependen de una sola causa. Pueden estar relacionados con sueño, nutrición, entrenamiento, glucosa, insulina, grasa visceral, hormonas, tiroides, inflamación, estrés crónico, medicamentos, condiciones médicas o una combinación de varios factores.

Por eso, antes de pensar en péptidos, conviene entender el terreno.

Una persona con mal sueño puede experimentar más hambre, peor recuperación, alteraciones hormonales y mayor dificultad para controlar la grasa abdominal. Una persona con resistencia a la insulina puede presentar fatiga, inflamación y dificultad para perder grasa. Una persona con baja ingesta de proteína, poco movimiento o entrenamiento inadecuado puede buscar una herramienta avanzada para ganar músculo cuando primero necesita corregir la base.

Los péptidos se han vuelto populares porque muchas personas buscan recuperar señales que sienten disminuidas. Sin embargo, no todo síntoma necesita un péptido, una hormona o una intervención avanzada.

A veces el cuerpo no necesita más señales.

Necesita menos ruido.

Ese "ruido" puede venir de dormir poco, comer mal, vivir bajo estrés constante, tener inflamación persistente, no moverse lo suficiente, entrenar sin recuperación o intentar corregir demasiadas cosas al mismo tiempo.

Puntos clave

La edad puede cambiar la eficiencia de algunos sistemas biológicos.

El estrés crónico puede afectar sueño, glucosa, hormonas, apetito, inflamación y recuperación.

El estilo de vida puede acelerar o frenar muchos de esos cambios.

No todos los síntomas tienen la misma causa.

Medir, evaluar y corregir la base suele ser más prudente que adivinar.

Los péptidos no deben verse como reemplazo de sueño, nutrición, movimiento, evaluación médica y hábitos sostenibles.

Error común

Buscar un péptido para cada síntoma sin investigar primero la raíz del problema.

Resumen práctico

Antes de considerar cualquier herramienta avanzada, conviene mirar sueño, grasa visceral, entrenamiento, alimentación, glucosa, hormonas, inflamación y estrés. Los péptidos pueden formar parte de una conversación educativa o clínica, pero no deben reemplazar la base ni usarse como atajo para ignorar señales importantes del cuerpo.

Capítulo 4

Péptidos endógenos vs. Exógenos

Para entender los péptidos, es importante diferenciar dos conceptos básicos:

Endógeno y exógeno.

Un péptido endógeno es producido por el propio cuerpo.

Un péptido exógeno entra al cuerpo desde una fuente externa.

Los péptidos endógenos forman parte de la comunicación natural del organismo. El cuerpo los produce cuando los necesita, en cantidades específicas, con ritmos determinados y bajo sistemas de control.

Los péptidos exógenos, en cambio, provienen de fuera del cuerpo. Dependiendo del producto, la investigación, la regulación y el contexto, pueden encontrarse en presentaciones inyectables, nasales, orales, tópicas, sublinguales o transdérmicas.

Esta diferencia importa mucho.

Cuando el cuerpo produce una señal, también participa en su regulación. Decide cuándo liberarla, cuánto liberar, dónde actuar y cuándo reducirla o detenerla.

Cuando una señal se introduce desde fuera, ese control puede cambiar. La cantidad, la concentración, la duración, la vía de administración, la frecuencia, la calidad del producto y la respuesta individual pueden modificar el efecto.

Por eso, imitar una señal natural no siempre significa replicar la fisiología natural.

El cuerpo puede producir una señal en pulsos breves. Un producto externo puede mantener una exposición diferente. El cuerpo puede liberar una señal en un tejido específico. Una administración externa puede distribuirse de otra forma. El cuerpo puede ajustar una señal según retroalimentación interna. Una intervención externa puede alterar ese equilibrio.

Por esta razón, el término "natural" debe interpretarse con cuidado.

Que una molécula tenga relación con algo que el cuerpo produce no significa que cualquier versión externa, concentración, presentación o uso sea automáticamente seguro, necesario o apropiado.

Puntos clave

Endógeno significa producido dentro del cuerpo.

Exógeno significa introducido desde fuera del cuerpo.

El cuerpo regula sus señales con precisión, ritmo y retroalimentación.

Una señal externa puede comportarse de forma distinta a la señal natural.

La vía de administración puede cambiar la absorción, duración y distribución del compuesto.

La calidad, procedencia y regulación del producto son factores importantes.

Error común

Creer que un péptido exógeno funciona exactamente igual que el péptido natural producido por el cuerpo.

Resumen práctico

Los péptidos endógenos forman parte del lenguaje natural del organismo. Los péptidos exógenos intentan intervenir, imitar o modificar parte de ese lenguaje. Por eso deben analizarse con cuidado, contexto, evidencia disponible y supervisión profesional.

Capítulo 5

Aprobado, experimental y comercial

No todos los péptidos pertenecen a la misma categoría.

Este es uno de los puntos más importantes de esta guía.

Existen péptidos, o medicamentos basados en péptidos, que están aprobados para usos médicos específicos. Estos productos han pasado por estudios clínicos, controles regulatorios y procesos de fabricación farmacéutica bajo estándares definidos.

También existen péptidos experimentales. Algunos tienen mecanismos biológicos interesantes, estudios preliminares o investigación en desarrollo, pero eso no significa que estén aprobados para uso humano general ni para todos los objetivos con los que se promocionan.

Además, están los productos comerciales o wellness. Estos pueden venderse como viales, sprays, cremas, blends, fórmulas tópicas o productos etiquetados como "research". Algunos pueden contener ingredientes de interés, pero su calidad, evidencia, concentración, pureza y regulación pueden variar mucho.

No es lo mismo:

- Un medicamento aprobado.
- Un compuesto en investigación.
- Un producto ofrecido en una clínica wellness.
- Un vial "research" vendido por internet.
- Un blend con nombre comercial atractivo.

Confundir estas categorías puede llevar a decisiones poco prudentes.

Que algo esté disponible no significa que esté aprobado.

Que algo sea popular no significa que esté bien estudiado.

Que algo tenga testimonios no significa que tenga evidencia fuerte.

Que algo se venda en una clínica no significa que sea adecuado para todas las personas.

Que algo parezca profesional en su empaque no significa que su calidad esté garantizada.

Por eso, antes de analizar cualquier péptido, conviene identificar en qué categoría se encuentra, qué regulación aplica, qué evidencia existe y qué nivel de supervisión requiere.

Puntos clave

Aprobado no significa libre de riesgos.

Experimental no significa inútil, pero sí requiere cautela. Comercial no significa automáticamente seguro, eficaz ni bien regulado.

Popularidad no es evidencia. El estado regulatorio importa.

La calidad del producto, la pureza y la procedencia también son parte de la seguridad.

Error común

Meter todos los péptidos en la misma categoría y analizarlos como si tuvieran el mismo respaldo, la misma calidad, la misma regulación y el mismo nivel de seguridad.

Resumen práctico

Antes de evaluar un péptido, conviene preguntar: ¿es un medicamento aprobado, un compuesto en investigación o un producto comercial? Esa respuesta cambia por completo la forma de analizar su evidencia, sus riesgos, su regulación y cualquier conversación responsable sobre su uso.

Capítulo 6

Por qué "natural" no siempre significa seguro

Una frase común en el mundo de los péptidos es:

"El cuerpo ya lo produce."

La frase puede ser cierta, pero no garantiza seguridad.

El cuerpo produce muchas sustancias naturales y potentes: insulina, cortisol, adrenalina, hormona de crecimiento, glucagón, oxitocina, estrógenos, testosterona y señales inflamatorias.

Todas son naturales.

Pero eso no significa que manipularlas sea simple ni apropiado en cualquier contexto.

La seguridad depende de muchos factores: cantidad, ritmo, duración, vía de administración, estado de salud, medicamentos, historial clínico, calidad del producto y respuesta individual.

El cuerpo no solo produce señales. También las regula.

Muchas señales aparecen en pulsos. Suben y bajan. Responden al sueño, la comida, el ejercicio, el estrés, la luz, la edad, la composición corporal y el estado hormonal.

Cuando una señal se introduce desde fuera, puede no respetar ese ritmo natural.

Una molécula puede estar relacionada con algo que el cuerpo produce, pero su comportamiento puede cambiar según la concentración, la presentación, la frecuencia de exposición y la forma en que entra al organismo.

Además, la calidad del producto importa. Un péptido externo puede estar mal dosificado, contaminado, degradado, mezclado con otra sustancia o no contener exactamente lo que declara la etiqueta.

Por eso, "natural" no debe usarse como sinónimo de seguro.

Debe entenderse como una característica biológica, no como una garantía.

Puntos clave

- Natural no significa inofensivo.
- La cantidad puede cambiar el efecto.
- El ritmo biológico importa.
- La vía de administración importa.
- La calidad del producto importa.
- La respuesta individual puede variar mucho.
- Una señal natural puede tener efectos distintos cuando se introduce desde fuera.

Error común

Usar la palabra "natural" como garantía de seguridad, eficacia o conveniencia.

Resumen práctico

Que un péptido se relacione con una señal natural no significa que su administración externa sea segura, necesaria o apropiada para todas las personas. La pregunta correcta no es solo si algo es natural, sino qué puede ocurrir cuando se introduce desde fuera, en esa persona, bajo esa concentración, por esa vía y durante ese tiempo.

Capítulo 7

Miligramos, microgramos, mililitros y unidades

Para entender la información sobre péptidos, primero hay que comprender cuatro medidas básicas:

mg

mcg

ml

unidades

Cada una significa algo diferente.

El miligramo se abrevia mg y mide cantidad de sustancia.

Por ejemplo, un vial de 5 mg contiene 5 miligramos totales de sustancia.

El microgramo se abrevia mcg y también mide cantidad de sustancia, pero representa una medida más pequeña.

La conversión básica es:

1 mg = 1,000 mcg

Algunos ejemplos simples:

0.1 mg = 100 mcg

0.25 mg = 250 mcg

0.5 mg = 500 mcg

1 mg = 1,000 mcg

El mililitro se abrevia ml y mide volumen líquido.

Por ejemplo:

1 ml

2 ml

5 ml

El ml no indica cuánta sustancia activa hay. Solo indica cuánto líquido hay.

Las unidades aparecen en las jeringas de insulina.

En una jeringa de insulina de 1 ml / 100 unidades:

1 ml = 100 unidades

0.10 ml = 10 unidades

0.05 ml = 5 unidades

0.20 ml = 20 unidades

El error más común es confundir unidades con dosis.

Decir "10 unidades" no indica por sí solo cuánta sustancia contiene ese volumen. Solo indica que se midieron 0.10 ml de líquido en una jeringa de insulina de 1 ml / 100 unidades.

Para saber la cantidad real, hay que conocer la concentración.

La fórmula básica es:

Cantidad total del vial ÷ cantidad de líquido agregado = concentración por ml

Ejemplo educativo:

10 mg ÷ 2 ml = 5 mg/ml

Si 1 ml contiene 5 mg, entonces:

0.10 ml contiene 0.5 mg

10 unidades contienen 0.5 mg

0.5 mg equivalen a 500 mcg

Este ejemplo no constituye una indicación de uso. Solo muestra cómo interpretar una concentración y convertir volumen en cantidad.

Puntos clave

- mg mide cantidad de sustancia.

- mcg mide una cantidad más pequeña de sustancia.
- ml mide volumen líquido.
- Las unidades indican volumen dentro de una jeringa de insulina.
- 1 mg = 1,000 mcg.
- En una jeringa de insulina de 1 ml / 100 unidades, 1 ml = 100 unidades.
- Las unidades no tienen significado real sin conocer la concentración.

Error común

Pensar que "10 unidades" siempre significan la misma cantidad de sustancia. En realidad, 10 unidades solo indican un volumen. La cantidad depende de la concentración del producto reconstituido.

Resumen práctico

Sin concentración no hay cálculo real. Para saber cuánta sustancia corresponde a un volumen determinado, primero hay que conocer cuántos mg contiene el vial y con cuántos ml fue reconstituido. A partir de ahí se puede interpretar la concentración como un ejercicio educativo de conversión, no como una recomendación personalizada.

Capítulo 8

Jeringas de insulina y conversiones básicas

La jeringa de insulina de 1 ml / 100 unidades es una de las herramientas más usadas para medir volúmenes pequeños.

Pero hay que entender algo desde el principio:

La jeringa mide volumen. No mide péptidos.

En una jeringa de insulina de 1 ml / 100 unidades:

1.00 ml = 100 unidades

0.50 ml = 50 unidades

0.30 ml = 30 unidades

0.25 ml = 25 unidades

0.20 ml = 20 unidades

0.10 ml = 10 unidades

0.05 ml = 5 unidades

0.01 ml = 1 unidad

Las unidades no indican miligramos ni microgramos. Solo indican cuánto líquido hay dentro de la jeringa.

La cantidad real de péptido depende de la concentración.

Ejemplo educativo 1:

Vial de 5 mg reconstituido con 2 ml.

5 mg ÷ 2 ml = 2.5 mg/ml

Entonces:

0.10 ml = 10 unidades = 0.25 mg = 250 mcg

0.05 ml = 5 unidades = 0.125 mg = 125 mcg

0.20 ml = 20 unidades = 0.5 mg = 500 mcg

Ejemplo educativo 2:

Vial de 10 mg reconstituido con 2 ml.

10 mg ÷ 2 ml = 5 mg/ml

Entonces:

0.10 ml = 10 unidades = 0.5 mg = 500 mcg

0.05 ml = 5 unidades = 0.25 mg = 250 mcg

0.20 ml = 20 unidades = 1 mg = 1,000 mcg

Mismo volumen.

Cantidad diferente.

La diferencia es la concentración.

Por eso nunca basta con decir:

"10 unidades".

La pregunta correcta es:

¿10 unidades de qué concentración?

Las medidas más fáciles de leer suelen ser:

0.05 ml = 5 unidades

0.10 ml = 10 unidades

0.20 ml = 20 unidades

En ejemplos educativos, estas medidas ayudan a reducir confusión porque evitan microvolúmenes difíciles de medir con precisión.

Tabla rápida de volumen y unidades

0.01 ml = 1 unidad

0.05 ml = 5 unidades

0.10 ml = 10 unidades

0.15 ml = 15 unidades

0.20 ml = 20 unidades

0.25 ml = 25 unidades

0.30 ml = 30 unidades

0.50 ml = 50 unidades

1.00 ml = 100 unidades

Puntos clave

- La jeringa mide volumen.
- Las unidades no son mg ni mcg.
- La concentración define la cantidad real de sustancia.
- 0.10 ml equivale a 10 unidades en una jeringa de 1 ml / 100 unidades.
- 0.05 ml equivale a 5 unidades en una jeringa de 1 ml / 100 unidades.
- Sin concentración, las unidades no dicen suficiente.

Error común

Cambiar la cantidad de líquido usado para reconstituir un vial y seguir interpretando las mismas unidades como si representaran la misma cantidad de sustancia.

Resumen práctico

La jeringa ayuda a medir volumen, pero no reemplaza el cálculo. Para saber qué cantidad representa una marca en la jeringa, siempre hay que conocer el contenido total del vial y la concentración final. Estos ejemplos son educativos y sirven para interpretar medidas, no como instrucciones personalizadas de uso.

Capítulo 9

Reconstitución, concentración y almacenamiento

Muchos péptidos se presentan en forma de polvo liofilizado dentro de un vial. Esto significa que, antes de poder interpretar su concentración líquida, deben mezclarse con un diluyente apropiado en un contexto clínico, farmacéutico o técnico adecuado.

A este proceso se le llama reconstitución.

Reconstituir no significa cambiar la cantidad total del péptido. Significa agregar líquido para convertir el polvo en una solución que pueda medirse por volumen.

Ejemplo educativo:

Si un vial contiene 10 mg de péptido y se agregan 2 ml de líquido, el vial sigue teniendo 10 mg totales.

Lo que cambia es la concentración.

10 mg ÷ 2 ml = 5 mg/ml

Eso significa que cada 1 ml contiene 5 mg.

Si ese mismo vial de 10 mg se mezcla con 5 ml:

10 mg ÷ 5 ml = 2 mg/ml

El vial sigue teniendo 10 mg totales, pero ahora la solución está más diluida.

La concentración es el dato más importante después de una reconstitución.

Sin conocer la concentración, no se puede interpretar cuánta sustancia corresponde a cada volumen medido en una jeringa.

Ejemplo educativo de comparación:

10 mg + 2 ml = 5 mg/ml

0.10 ml = 0.5 mg = 500 mcg

10 mg + 5 ml = 2 mg/ml

0.10 ml = 0.2 mg = 200 mcg

Mismo vial.

Mismo volumen.

Cantidad diferente.

La diferencia está en la cantidad de líquido utilizada para preparar la solución.

El almacenamiento también importa. Muchos péptidos pueden ser sensibles a temperatura, luz, tiempo, contaminación o manipulación incorrecta. Por eso, deben respetarse la información del fabricante, la cadena de frío cuando aplique, la fecha de reconstitución, las condiciones de conservación y cualquier indicación específica del producto.

Un producto mal almacenado puede perder estabilidad, degradarse o aumentar riesgos.

También es importante recordar que no todos los productos disponibles en el mercado tienen la misma calidad, pureza, etiquetado o regulación. La procedencia, los controles de fabricación y la trazabilidad del producto forman parte de la seguridad.

Puntos clave

- Reconstituir es mezclar un polvo liofilizado con un diluyente apropiado.
- La cantidad total del vial no cambia.
- Lo que cambia es la concentración.
- Más líquido produce una solución más diluida.
- Menos líquido produce una solución más concentrada.
- La concentración permite interpretar cuánto contiene cada volumen.
- El almacenamiento puede afectar estabilidad, potencia y seguridad.
- La calidad y procedencia del producto son factores importantes.

Error común

Pensar que agregar más líquido aumenta la cantidad total de péptido. En realidad, solo cambia la concentración de la solución.

Resumen práctico

La reconstitución permite convertir un péptido en polvo en una solución medible por volumen. La clave no es solo cuántos mg contiene el vial, sino con cuántos ml se mezcló y qué concentración final resultó. Estos ejemplos son educativos y sirven para entender cálculos de concentración, no como instrucciones personalizadas de preparación o uso.

Capítulo 10

Dosis descritas en estudios, tiempo de uso y descansos

Una de las partes más delicadas al hablar de péptidos es la dosis.

En esta guía no usaremos la frase "dosis recomendada" como si todas las personas debieran seguir una cantidad específica. En su lugar, usaremos una expresión más responsable:

Dosis descritas en estudios.

Esto significa que una cantidad ha sido reportada en literatura científica, ensayos clínicos, etiquetas oficiales, reportes médicos o contextos de investigación.

No significa que sea una recomendación personalizada.

Una dosis descrita en un estudio puede depender de muchas variables:

- La condición médica estudiada.
- La edad de los participantes.
- El peso corporal.
- La vía de administración.
- La formulación utilizada.

- La duración del estudio.
- La supervisión médica.
- Los criterios de inclusión y exclusión.
- Los análisis realizados.
- La calidad farmacéutica del producto.

Por eso, copiar una dosis de un estudio sin entender el contexto puede ser un error importante.

Dosis descrita no significa dosis ideal

Una dosis puede haber sido utilizada en un ensayo clínico y aun así no ser adecuada para todas las personas.

También puede ocurrir que un producto comercial no sea equivalente al producto usado en un estudio.

Por ejemplo, un medicamento aprobado, con fabricación farmacéutica, etiqueta oficial y control de calidad, no debe compararse directamente con un vial "research" o una mezcla comercial sin regulación clara.

La misma cantidad expresada en miligramos puede no representar el mismo nivel de seguridad si cambian la pureza, la vía, la estabilidad, la formulación o la procedencia del producto.

Tiempo de uso descrito o reportado

Además de la cantidad, importa la duración.

Un compuesto utilizado durante pocos días no tiene el mismo perfil que uno utilizado durante meses. Una señal biológica breve puede tener efectos distintos si se mantiene activa o elevada durante más tiempo del necesario.

Por eso, en esta guía también usaremos la expresión:

- Tiempo de uso descrito o reportado.
- Esto puede referirse a:
- Duración utilizada en estudios.
- Duración indicada en etiquetas oficiales.
- Duración observada en práctica clínica.
- Duración comúnmente reportada en contextos **wellness o research.**

En medicamentos aprobados, el tiempo de uso suele depender de la indicación médica, la respuesta individual, la seguridad y el seguimiento profesional.

En péptidos research, wellness o no aprobados para uso humano general, muchas veces no existe una duración validada clínicamente. En esos casos, es más responsable hablar de reportes, observación, pausa o reevaluación, no de reglas definitivas.

Descanso, pausa o reevaluación

No todos los compuestos necesitan un descanso en el mismo sentido.

Algunos medicamentos aprobados se utilizan de forma continua bajo indicación médica. Otros compuestos experimentales aparecen reportados en períodos cortos. Algunos no cuentan con datos suficientes para establecer cuál sería una pausa apropiada o una duración segura.

Por eso, en esta guía usaremos tres ideas diferentes:

- Descanso.
- Pausa.
- Reevaluación.

Descanso significa dejar de utilizar un compuesto durante un período determinado.

Pausa significa detener temporalmente para observar respuesta, tolerancia, efectos secundarios o necesidad real.

Reevaluación significa revisar si tiene sentido continuar, ajustar, detener o buscar una alternativa más apropiada con orientación profesional.

La reevaluación puede incluir:

- Síntomas.
- Efectos secundarios.

- Análisis de laboratorio.
- Presión arterial.
- Glucosa.
- Apetito.
- Sueño.
- Fuerza.
- Peso corporal.
- Medidas corporales.
- Estado hormonal.
- Objetivo inicial.
- Cambios en medicamentos o condiciones de salud.

La palabra "ciclo" puede confundir

En el mundo fitness se usa mucho la palabra "ciclo". Sin embargo, no todos los péptidos deben analizarse de esa manera.

Un medicamento aprobado para obesidad o diabetes no se maneja igual que un péptido research relacionado con reparación. Un compuesto asociado al sueño no se evalúa igual que un péptido anabólico avanzado. Un inmunomodulador no se interpreta igual que un blend comercial para piel.

Por eso, esta guía evita presentar "ciclos recomendados".

En su lugar, utilizará expresiones como:

- Tiempo de uso descrito.
- Duración reportada.
- Descanso educativo.
- Pausa o reevaluación.
- Seguimiento clínico.
- Supervisión profesional.

Medicamentos aprobados vs péptidos research

•

Cuando un producto está aprobado, las fuentes principales deben ser la etiqueta oficial, el profesional de salud y la indicación médica correspondiente.

Cuando un producto es research, wellness o no aprobado para uso humano general, no existe una preparación, duración ni esquema clínico universal.

Esta diferencia es esencial.

Un medicamento aprobado puede tener esquemas de inicio, titulación, mantenimiento y seguimiento definidos para una indicación específica.

Un péptido research puede tener reportes de uso, hipótesis o datos preliminares, pero eso no equivale a una recomendación médica.

Regla de seguridad

Si un compuesto puede afectar glucosa, presión arterial, IGF-1, apetito, hormonas, sueño, sistema inmune o estado de ánimo, no debería prolongarse sin reevaluación profesional.

Si no hay beneficio medible o claramente justificable, no tiene sentido seguir extendiendo el tiempo de uso.

Si aparecen efectos secundarios, no se debe ignorar la respuesta del cuerpo solo para completar un calendario o un supuesto "ciclo".

El cuerpo no debe adaptarse al plan.

El plan debe revisarse según la respuesta del cuerpo.

Puntos clave

- Dosis descrita en estudios no significa recomendación personalizada.
- Tiempo de uso reportado no significa duración ideal para todas las personas.
- No todos los péptidos tienen descansos validados clínicamente.
- Los medicamentos aprobados se manejan de forma distinta a los productos research o wellness.

- La reevaluación es más importante que seguir un calendario rígido.
- La palabra "ciclo" debe usarse con cuidado.
- La calidad, regulación y procedencia del producto cambian la forma de interpretar cualquier información.

Error común

Copiar una cantidad y una duración de internet sin saber si provienen de un estudio, una etiqueta médica, una clínica, un testimonio, una experiencia personal o puro marketing.

Resumen práctico

En esta guía, las dosis y tiempos de uso se presentan con fines educativos, no como prescripción ni recomendación personalizada. La decisión real depende del producto, el objetivo, el estado de salud, los análisis, los riesgos, la regulación aplicable y la supervisión de un profesional cualificado.

Capítulo 11

Qué son los blends de péptidos

Un blend de péptidos es una mezcla de dos o más compuestos en una misma fórmula.

En lugar de ofrecer un solo péptido, algunas marcas, clínicas o proveedores combinan varios ingredientes bajo un nombre comercial.

Por ejemplo:

- Glow Blend
- Wolverine Blend
- Recovery Blend
- Sleep Blend
- Fat Loss Blend
- Limitless Blend
- Longevity Blend

Estos nombres suelen sugerir el objetivo del producto: piel, recuperación, sueño, pérdida de grasa, enfoque, reparación o longevidad.

El problema es que el nombre no siempre dice suficiente.

Dos productos pueden llamarse igual y tener fórmulas diferentes. Un "Glow Blend" de una marca puede contener GHK-Cu, mientras otro puede combinar GHK-Cu con BPC-157, glutatión u otros ingredientes.

Por eso, nunca se debe evaluar un blend solo por el nombre.

La pregunta correcta es:

¿Qué contiene exactamente?

Un blend puede parecer práctico porque reduce el número de viales y simplifica la interpretación inicial. Sin embargo, también puede tener desventajas importantes: menos control sobre cada ingrediente, dificultad para ajustar cantidades individuales, presencia de compuestos innecesarios, mayor riesgo de confusión y falta de claridad sobre la cantidad exacta de cada componente.

Un blend bien presentado debería indicar claramente:

- Ingredientes.
- Cantidad de cada ingrediente.
- Cantidad total del vial.
- Concentración final después de la preparación, cuando aplique.
- Vía de administración descrita por el fabricante o contexto del producto.
- Evidencia disponible para cada compuesto.

- Riesgos, advertencias y precauciones.
- Estado regulatorio del producto.

Si la etiqueta solo menciona una "mezcla propietaria" o no especifica cantidades individuales, el control y la interpretación son limitados.

También es importante recordar que un blend no se vuelve más seguro por tener más ingredientes. En algunos casos, mezclar varios compuestos puede aumentar la complejidad, dificultar la identificación de efectos secundarios y hacer más difícil saber qué ingrediente produjo una respuesta.

Puntos clave

- Un blend es una mezcla de varios compuestos.
- El nombre comercial no garantiza una fórmula estándar.
- Dos blends con el mismo nombre pueden tener ingredientes diferentes.
- Lo importante es la composición real, no el nombre.
- Los blends pueden simplificar la presentación, pero también reducir precisión.
- Más ingredientes no siempre significan mejor estrategia.
- La transparencia de la etiqueta es fundamental.

Error común

Comprar o evaluar un blend por el nombre comercial sin revisar ingredientes, cantidades, concentración, evidencia y advertencias.

Resumen práctico

Un blend no se analiza por cómo se llama. Se analiza por lo que contiene, cuánto contiene, qué evidencia existe, qué riesgos puede presentar y si la combinación realmente tiene sentido. En una guía responsable, el nombre comercial nunca debe pesar más que la composición real.

Capítulo 12

Glow, Klow, Wolverine, Limitless y otros nombres populares

Muchos péptidos y mezclas comerciales se vuelven conocidos por sus nombres de marca, no por sus nombres técnicos.

Esto ocurre especialmente con los blends.

Nombres como Glow, Klow, Wolverine, Limitless, Recovery, Sleep, Beauty, Fat Loss o Longevity pueden sonar atractivos, fáciles de recordar y orientados a un objetivo específico. Sin embargo, no suelen ser nombres científicos oficiales ni fórmulas estandarizadas.

Son nombres creados para comunicar una idea.

Glow suele asociarse con piel, cabello, colágeno, apariencia o envejecimiento saludable.

Klow puede usarse de forma similar, aunque no tiene una fórmula universal. Dependiendo del proveedor, puede parecerse a un blend enfocado en piel, reparación, inflamación o bienestar general.

Wolverine suele asociarse con recuperación, lesiones, tendones, ligamentos o reparación de tejidos. En muchos contextos comerciales se relaciona con combinaciones que incluyen BPC-157 y TB-500, aunque la fórmula puede variar.

Limitless suele relacionarse con enfoque, claridad mental, energía o productividad. Dependiendo del proveedor, puede incluir compuestos como Semax, Selank u otras variantes utilizadas en contextos comerciales o research.

Sleep Blend suele enfocarse en descanso, relajación o sueño. Puede incluir DSIP, Selank, Epitalon u otros ingredientes, según la marca o proveedor.

Fat Loss Blend suele asociarse con pérdida de grasa, apetito o metabolismo. Puede incluir AOD-9604, HGH Fragment, CJC-1295, Ipamorelin u otros compuestos, dependiendo de la fórmula.

Longevity Blend suele usarse para mezclas relacionadas con envejecimiento saludable, inmunidad o reparación celular. Puede incluir Epitalon, Thymalin, GHK-Cu, Thymosin Alpha-1 u otros ingredientes, según el producto.

El problema es que estos nombres no están regulados ni estandarizados.

Un nombre puede vender una promesa, pero la fórmula real determina el valor.

Por eso, el análisis responsable no comienza con el nombre del blend. Comienza con la etiqueta completa:

ingredientes, cantidad de cada compuesto, concentración, vía descrita, evidencia disponible, advertencias, procedencia y estado regulatorio.

Una mezcla puede sonar avanzada, pero eso no significa que sea necesaria, segura, bien formulada o apropiada para todos los contextos.

Puntos clave

- Muchos nombres comerciales no son nombres científicos.
- Glow, Klow, Wolverine, Limitless y otros blends pueden variar según el proveedor.
- El nombre sugiere un objetivo, pero no garantiza composición.
- La etiqueta completa es más importante que el nombre comercial.
- Una mezcla atractiva no siempre es necesaria.
- Dos productos con el mismo nombre pueden contener ingredientes diferentes.
- La cantidad de cada ingrediente importa tanto como la presencia del ingrediente.

Error común

Creer que todos los productos llamados "Glow", "Wolverine", "Limitless" o "Longevity" tienen la misma fórmula, la misma calidad, la misma concentración y el mismo nivel de evidencia.

Resumen práctico

Los nombres comerciales ayudan a vender, recordar y posicionar un producto, pero no reemplazan el análisis. Siempre hay que revisar ingredientes, cantidades, concentración, evidencia disponible, riesgos, advertencias y calidad del proveedor antes de interpretar cualquier blend.

Capítulo 13

Cómo analizar una mezcla sin caer en marketing

Para analizar un blend de péptidos, hay que ir más allá del nombre.

El nombre puede sonar moderno, potente o atractivo, pero la evaluación real empieza con la fórmula.

Paso 1: identificar los ingredientes

Antes de hablar de posibles beneficios, hay que saber qué contiene exactamente el producto.

Un blend responsable debe permitir identificar cada ingrediente de forma clara. Si la etiqueta es confusa, incompleta o usa solo términos comerciales, el análisis queda limitado.

Paso 2: revisar la cantidad de cada ingrediente

No basta con saber que un producto contiene BPC-157, GHK-Cu, TB-500, Semax u otro compuesto.

También hay que saber cuántos mg contiene de cada ingrediente.

La presencia de un ingrediente no dice suficiente si no se conoce la cantidad real incluida en la fórmula.

Paso 3: diferenciar cantidad total y cantidad por ingrediente

Un vial puede decir "10 mg blend total", pero eso no significa que tenga 10 mg de cada compuesto.

Puede significar que los 10 mg son la suma de todos los ingredientes. Esta diferencia es fundamental.

Un blend de 10 mg con dos ingredientes no necesariamente contiene 10 mg de cada uno. Podría contener 5 mg y 5 mg, 7 mg y 3 mg, o cualquier otra distribución según la fórmula del fabricante.

Paso 4: calcular la concentración

Después de conocer la cantidad total y la cantidad por ingrediente, hay que saber con cuántos ml se prepara la solución, cuando aplique.

La concentración permite interpretar cuánto hay por ml y cuánto representa cada marca de una jeringa de insulina.

Sin concentración, no hay cálculo real. Solo hay una etiqueta incompleta.

Paso 5: revisar si la combinación tiene sentido

Algunas mezclas combinan ingredientes con lógica complementaria.

Otras juntan compuestos populares sin una razón clara.

Una combinación responsable debería tener una intención comprensible: reparación, piel, metabolismo, sueño, inflamación, recuperación o apoyo cognitivo, por ejemplo.

Pero que una mezcla tenga un nombre atractivo no significa que la combinación esté bien justificada.

Paso 6: buscar redundancias

Si varios ingredientes buscan influir en rutas similares, tal vez no todos sean necesarios.

Más compuestos no siempre significan mejor estrategia.

A veces una fórmula más simple es más fácil de interpretar, más prudente y más segura desde el punto de vista del seguimiento.

Paso 7: revisar riesgos

Una mezcla puede tener más variables, más posibles interacciones y más dificultad para identificar qué ingrediente causó una respuesta.

Si aparecen efectos no deseados, puede ser difícil saber si se deben a un compuesto específico, a la combinación, a la concentración, a la calidad del producto o al contexto individual.

Por eso, los blends requieren especial cautela.

Paso 8: evaluar la evidencia

Puede existir evidencia para ingredientes individuales, pero no necesariamente para la mezcla completa.

Este es un punto importante.

Un blend no hereda automáticamente toda la evidencia de cada ingrediente por separado. La combinación, la proporción, la vía, la duración y la calidad del producto también importan.

La regla principal es simple:

Un blend debe demostrar claridad, no solo atractivo comercial.

Puntos clave

El nombre no basta. La fórmula real manda.

Hay que conocer la cantidad de cada ingrediente. La cantidad total del blend no siempre indica la cantidad individual de cada compuesto. La concentración define la interpretación del volumen. Más ingredientes no siempre significan mejor producto. Un blend puede simplificar la presentación, pero también reducir el control individual. La evidencia de ingredientes separados no siempre valida la mezcla completa.

Error común

Asumir que una mezcla es más avanzada, más efectiva o más segura solo porque contiene más compuestos o tiene un nombre comercial atractivo.

Resumen práctico

Para analizar un blend, conviene preguntar: qué contiene, cuánto contiene, cómo está distribuida la fórmula, por qué se combinaron esos ingredientes, qué evidencia existe, qué riesgos puede presentar y si realmente simplifica o complica el objetivo. En una guía responsable, la claridad siempre vale más que el marketing.

Capítulo 14

Péptidos metabólicos y pérdida de grasa

Los péptidos metabólicos son algunos de los compuestos más comentados en la actualidad.

El interés ha crecido especialmente por medicamentos relacionados con GLP-1, GIP y otras señales vinculadas con saciedad, apetito, glucosa y metabolismo. Estos avances han cambiado la conversación sobre obesidad, diabetes, control del apetito y pérdida de grasa.

Dentro de esta categoría se suelen mencionar compuestos como:

- **Semaglutide**
- **Tirzepatide**
- **Retatrutide**
- **Cagrilintide**
- **CagriSema**
- **Tesamorelin**
- **AOD-9604**
- **HGH Fragment 176-191**

No todos tienen el mismo nivel de evidencia, seguridad ni estado regulatorio.

Algunos son medicamentos aprobados para indicaciones específicas. Otros se encuentran en investigación. Otros se comercializan en mercados wellness o research con evidencia clínica más limitada y regulación variable.

Estos compuestos pueden relacionarse con diferentes rutas biológicas:

- **Apetito.**
- **Saciedad.**
- **Vaciado gástrico.**
- **Glucosa.**
- **Insulina.**
- **Grasa visceral.**
- **Hormona de crecimiento.**
- **Lipólisis.**

Sin embargo, pérdida de peso no siempre significa mejor recomposición corporal.

Una persona puede perder peso en la báscula y, al mismo tiempo, perder masa muscular si consume poca proteína, no entrena fuerza, no duerme bien o baja de peso demasiado rápido.

Por eso, cualquier estrategia metabólica debe interpretarse dentro de un contexto más amplio: nutrición, entrenamiento de fuerza, sueño, hidratación, salud digestiva, análisis de laboratorio y seguimiento profesional.

La meta responsable no es simplemente pesar menos.

La meta es mejorar composición corporal, reducir grasa de forma prudente, preservar masa muscular y proteger la salud metabólica.

También es importante recordar que los compuestos relacionados con apetito, glucosa o metabolismo pueden tener efectos secundarios y no son apropiados para todas las personas. El historial médico, los medicamentos actuales, la función pancreática, la vesícula, el sistema digestivo, la glucosa, la presión arterial y otros factores deben considerarse con orientación profesional.

Puntos clave

- Los péptidos metabólicos pueden influir en apetito, saciedad, glucosa y grasa corporal.
- No todos tienen la misma evidencia ni el mismo estado regulatorio.
- Algunos son medicamentos aprobados para indicaciones específicas; otros son experimentales o comerciales.
- Bajar peso no es lo mismo que mejorar composición corporal. Preservar masa muscular debe ser una prioridad.
- La nutrición, el entrenamiento de fuerza y el seguimiento profesional son parte del contexto.

La pérdida de grasa debe evaluarse con salud metabólica, no solo con el número de la báscula.

Error común

Usar compuestos asociados con pérdida de peso sin cuidar proteína, entrenamiento de fuerza, hidratación, sueño y preservación de masa muscular.

Resumen práctico

Los péptidos metabólicos pueden ser herramientas potentes dentro de contextos médicos o de investigación, pero deben evaluarse con cuidado. La meta no es solo pesar menos, sino perder grasa de manera responsable, preservar músculo y proteger la salud metabólica. Ningún compuesto debe reemplazar la base: alimentación adecuada, fuerza, sueño, seguimiento y criterio profesional.

Capítulo 15

Péptidos relacionados con hormona de crecimiento

Algunos péptidos se utilizan, estudian o comercializan por su relación con la hormona de crecimiento, conocida como GH.

La GH participa en procesos relacionados con crecimiento, reparación, metabolismo, composición corporal, recuperación e IGF-1. Sin embargo, no debe verse como una señal que simplemente debería estar "más alta" todo el tiempo.

El cuerpo libera GH en pulsos, especialmente durante el sueño profundo, el ayuno, el ejercicio y ciertas condiciones fisiológicas.

Dentro de esta categoría se suelen mencionar compuestos como:

- **CJC-1295 No DAC**
- **CJC-1295 DAC**
- **Ipamorelin**
- **Sermorelin**
- **Tesamorelin**
- **GHRP-2**
- **GHRP-6**
- **Hexarelin**

Estos compuestos no son idénticos.

Algunos se relacionan con pulsos más cortos. Otros tienen una acción más prolongada. Algunos pueden influir más en el apetito. Otros pueden tener mayor potencial de desensibilización, cambios hormonales o efectos secundarios dependiendo del contexto.

También es importante diferenciar entre estimular la liberación de GH y administrar hormona de crecimiento directamente. No son lo mismo y no deben analizarse como si tuvieran el mismo perfil, la misma regulación ni los mismos riesgos.

Los péptidos relacionados con GH suelen promocionarse para recuperación, sueño, composición corporal, piel, energía y envejecimiento saludable. Sin embargo, los resultados dependen mucho del contexto: calidad del sueño, entrenamiento, nutrición, grasa visceral, edad, salud metabólica, sensibilidad a la insulina, niveles de IGF-1 y seguimiento profesional.

Más señal no siempre significa mejor resultado.

Una estimulación excesiva o mal interpretada puede afectar glucosa, retención de líquidos, apetito, sueño, presión, hormonas o marcadores relacionados con IGF-1. Por eso, esta categoría requiere especial prudencia.

Puntos clave

- La GH se libera naturalmente en pulsos.
- No todos los péptidos relacionados con GH funcionan igual.
- Algunos tienen acción más breve; otros pueden tener efectos más prolongados.
- Estimular GH no es lo mismo que administrar hormona de crecimiento directamente.
- IGF-1 puede cambiar y debe evaluarse con supervisión profesional cuando el contexto lo requiera.
- Más GH no siempre significa mejor salud, más músculo o menos grasa.
- El sueño, la nutrición, el entrenamiento y la salud metabólica siguen siendo la base.

Error común

Pensar que elevar la señal de GH siempre equivale a ganar más músculo, perder más grasa o mejorar la longevidad.

Resumen práctico

Los péptidos relacionados con GH pueden ser de interés en ciertos contextos clínicos, investigativos o comerciales, pero deben entenderse como moduladores de una señal compleja. La hormona de crecimiento no funciona aislada: se relaciona con sueño, glucosa, IGF-1, recuperación, composición corporal y estado metabólico. Por eso, cualquier análisis responsable debe priorizar evidencia, seguridad, seguimiento y supervisión profesional.

Capítulo 16

Péptidos de reparación y recuperación

Los péptidos de reparación son muy populares en el mundo deportivo, wellness y en conversaciones relacionadas con lesiones, recuperación y rendimiento físico.

Se suelen mencionar en contextos vinculados con tendones, ligamentos, articulaciones, músculo, piel, intestino, inflamación y recuperación general.

Dentro de esta categoría aparecen con frecuencia compuestos como:

- **BPC-157**
- **TB-500 / Thymosin Beta-4**
- **GHK-Cu**
- **KPV**
- **Thymosin Alpha-1**

Estos compuestos se comercializan con la idea de apoyar procesos relacionados con reparación, cicatrización, inflamación o recuperación de tejidos. Algunos tienen mecanismos biológicos interesantes y estudios preliminares, pero muchos no cuentan con el mismo nivel de evidencia clínica en humanos que los medicamentos aprobados.

Es importante entender que la reparación del cuerpo ocurre por fases.

Primero suele haber una respuesta inflamatoria inicial. Luego viene la limpieza del tejido afectado. Después se forma nuevo tejido. Finalmente ocurre la remodelación, donde el cuerpo reorganiza, fortalece y adapta la zona lesionada.

Intentar acelerar todo sin entender la lesión puede ser un error.

La recuperación no depende solo de una señal biológica. También depende del diagnóstico correcto, el tipo de tejido afectado, la gravedad de la lesión, la circulación, la nutrición, el descanso, la carga progresiva, la rehabilitación y el tiempo.

Además, reducir dolor no siempre significa que el tejido esté completamente recuperado.

Una persona puede sentirse mejor antes de que el tendón, ligamento, músculo o articulación esté listo para volver a cargas intensas. Si regresa demasiado rápido al entrenamiento fuerte, puede aumentar el riesgo de recaída o empeorar la lesión inicial.

Por eso, cualquier conversación sobre péptidos de reparación debe estar acompañada de prudencia.

Un compuesto puede formar parte de una investigación o de una conversación clínica, pero no debe reemplazar evaluación profesional, imágenes diagnósticas cuando sean necesarias, fisioterapia, rehabilitación, descanso, proteína suficiente, sueño adecuado y manejo inteligente de cargas.

Puntos clave

- Los péptidos de reparación suelen asociarse con lesiones, inflamación, cicatrización y recuperación.
- No todos tienen evidencia clínica sólida en humanos.
- La reparación del cuerpo ocurre por fases y necesita tiempo.
- Menos dolor no significa necesariamente curación completa.
- La rehabilitación sigue siendo esencial.
- La nutrición, el sueño, la proteína y el manejo de cargas influyen en la recuperación.
- Volver demasiado rápido al entrenamiento puede aumentar el riesgo de recaída.

Error común

Pensar que un péptido de reparación permite ignorar el diagnóstico, saltarse la rehabilitación o regresar demasiado pronto al entrenamiento intenso.

Resumen práctico

Los péptidos de reparación pueden ser compuestos de interés en contextos clínicos, deportivos o investigativos, pero no reemplazan diagnóstico, rehabilitación, descanso, proteína, sueño ni manejo adecuado de cargas. La recuperación responsable no consiste solo en sentirse mejor, sino en permitir que el tejido sane, se adapte y recupere función de forma segura.

Capítulo 17

Péptidos cognitivos, estrés y sueño

Algunos péptidos se han vuelto populares por su posible relación con enfoque, calma, ansiedad, sueño, neuroprotección o claridad mental.

Dentro de esta categoría se mencionan con frecuencia compuestos como:

- **Semax**
- **Selank**
- **NA-Semax Amidate**
- **NA-Selank Amidate**
- **DSIP**
- **Epitalon**
- **P21**
- **Dihexa**
- **Cerebrolysin**

No todos tienen el mismo nivel de evidencia, seguridad ni estado regulatorio.

Semax y Selank suelen comercializarse como péptidos nasales relacionados con enfoque, estrés, ansiedad o respuesta cognitiva. DSIP se asocia con sueño. Epitalon suele mencionarse en conversaciones sobre ritmos circadianos, envejecimiento saludable y longevidad. Otros compuestos, como Dihexa o P21, pertenecen a categorías más experimentales y requieren especial cautela por la limitada información clínica disponible en humanos.

El problema es que el sueño, la ansiedad, el enfoque y la fatiga mental pueden tener muchas causas.

Una persona puede dormir mal por estrés crónico, apnea del sueño, alcohol, dolor, perimenopausia, cambios hormonales, hipoglucemia nocturna, cafeína, medicamentos, ansiedad, depresión o una rutina nocturna desordenada.

Una persona puede tener poca concentración por falta de sueño, exceso de estímulos, ansiedad, depresión, déficit nutricional, resistencia a la insulina, inflamación, sedentarismo, uso excesivo de pantallas o sobrecarga mental.

Por eso, no todos los problemas cognitivos o de sueño deben interpretarse como una señal que necesita ser estimulada o modificada con un péptido.

Antes de evaluar cualquier compuesto relacionado con enfoque, calma o descanso, conviene revisar la causa probable del problema. En muchos casos, mejorar sueño, luz solar, respiración, alimentación, ejercicio, horarios, estrés y uso de pantallas puede tener un impacto mayor que buscar una herramienta avanzada sin entender el origen.

También es importante recordar que una vía de administración nasal, oral o sublingual no significa ausencia de riesgos. La vía puede cambiar absorción, duración, tolerancia y respuesta, pero no convierte automáticamente un compuesto en seguro para todas las personas.

En esta categoría, la prudencia es especialmente importante porque se trabaja con áreas sensibles: sistema nervioso, estado de ánimo, sueño, ansiedad, motivación, memoria y percepción de energía.

Puntos clave

Esta categoría incluye compuestos asociados con enfoque, estrés, ansiedad, sueño, neuroprotección y claridad mental.

- La evidencia varía mucho entre compuestos.
- La vía nasal no significa ausencia de riesgos.
- El sueño debe evaluarse según su causa.
- No todo cansancio necesita estimulación.
- No toda ansiedad necesita sedación
- El sistema nervioso debe abordarse con especial prudencia.

El contexto emocional, metabólico, hormonal y ambiental importa.

Error común

Usar algo para enfoque, energía o productividad cuando el problema real es falta de sueño, estrés crónico, ansiedad, mala recuperación o exceso de estímulos.

Resumen práctico

Los péptidos cognitivos, de estrés y sueño pueden tener interés en contextos clínicos, comerciales o investigativos, pero deben analizarse con prudencia. Antes de buscar una señal externa, conviene entender qué está alterando el descanso, la concentración o el estado emocional. En esta categoría, tapar señales importantes del cuerpo puede ser menos útil que corregir la causa que las está generando.

Capítulo 18

Péptidos hormonales, sexuales y reproductivos

Algunos péptidos influyen en señales relacionadas con reproducción, fertilidad, libido, función sexual y ejes hormonales.

En esta categoría suelen mencionarse compuestos como:

- **Kisspeptin**
- **Gonadorelin**
- **PT-141 / Bremelanotide**
- **Oxytocin**
- **Melanotan II**
-

Kisspeptin se ha estudiado por su relación con el eje reproductivo y con señales que pueden influir en LH, FSH y función gonadal.

Gonadorelin se relaciona con GnRH, una señal importante en la comunicación entre el hipotálamo y la hipófisis.

PT-141, también conocido como **Bremelanotide**, se relaciona con deseo sexual y cuenta con usos médicos específicos en ciertos contextos.

Oxytocin se asocia con vínculo, lactancia, parto, respuesta emocional y algunos aspectos de la sexualidad.

Melanotan II suele asociarse con pigmentación y libido, pero también puede presentar efectos secundarios y no debe interpretarse como un compuesto simple o libre de riesgos.

Esta categoría requiere especial prudencia porque involucra sistemas sensibles.

La libido, la fertilidad y la función sexual no dependen de una sola señal. Pueden estar influenciadas por testosterona, estradiol, progesterona, prolactina, tiroides, cortisol, sueño, estrés, medicamentos, presión arterial, salud vascular, glucosa, ansiedad, dolor, lubricación, salud vaginal, relación de pareja, estado emocional y antecedentes médicos.

Por eso, intervenir sobre señales sexuales u hormonales sin evaluación puede llevar a conclusiones equivocadas.

Una persona puede pensar que tiene un problema de libido cuando en realidad hay estrés crónico, falta de sueño, alteraciones hormonales, efectos secundarios de medicamentos, problemas vasculares, ansiedad, dolor o una causa metabólica de fondo.

También es importante recordar que algunos compuestos de esta categoría pueden influir en presión arterial, náusea, apetito, pigmentación, estado de ánimo, respuesta sexual, contracciones uterinas, fertilidad o ejes hormonales.

Por esa razón, cualquier información sobre péptidos hormonales, sexuales o reproductivos debe interpretarse con responsabilidad, evidencia, contexto clínico y supervisión profesional.

Puntos clave

- Esta categoría afecta sistemas sensibles.
- La libido no depende de una sola señal.
- La fertilidad y los ejes hormonales requieren evaluación profesional.
- Algunos compuestos pueden influir en presión arterial, náusea, ánimo, pigmentación o respuesta sexual.
- No conviene manipular el eje hormonal a ciegas.

Los medicamentos actuales, el estrés, el sueño y la salud vascular pueden cambiar completamente la interpretación del problema.

Error común

Pensar que un problema sexual, hormonal o reproductivo se resuelve con un solo compuesto sin evaluar hormonas, estrés, sueño, medicamentos, salud vascular, estado emocional y antecedentes clínicos.

Resumen práctico

Los péptidos hormonales, sexuales y reproductivos deben tratarse con especial responsabilidad. Antes de considerar cualquier intervención, conviene entender el eje hormonal, el contexto emocional, la salud vascular, los medicamentos actuales y las posibles causas de fondo. En esta categoría, actuar sin evaluación puede ser más riesgoso que beneficioso.

Capítulo 19

Péptidos de longevidad, inmunidad y bioregulators

La categoría de longevidad es una de las más atractivas, pero también una de las más propensas al marketing.

Aquí suelen mencionarse compuestos como:

- **Epitalon**
- **Thymalin**
- **Thymosin Alpha-1**
- **Pinealon**
- **Vilon**
- **Vesugen**
- **GHK-Cu**
- **KPV**

Algunos se presentan como bioregulators. Otros se promocionan en contextos relacionados con sistema inmune, envejecimiento saludable, reparación celular, inflamación, piel, sueño, vitalidad o bienestar general.

El problema es que "longevidad" es una palabra muy amplia.

No significa mucho si no se define con claridad.

¿Hablamos de vivir más años?

¿Mejorar la calidad del sueño?

¿Reducir inflamación?

¿Apoyar la función inmune?

¿Preservar masa muscular?

¿Mejorar la piel?

¿Optimizar biomarcadores?

¿Mantener mejor función física y metabólica con la edad?

Cada objetivo requiere una estrategia diferente.

Por eso, un producto etiquetado como "longevity" no debe evaluarse solo por el nombre. Debe analizarse según su mecanismo, evidencia disponible, estado regulatorio, calidad del producto, riesgos potenciales y contexto individual.

También hay que tener cuidado con la idea de "subir el sistema inmune".

El sistema inmune no siempre necesita más estimulación. Muchas veces necesita mejor regulación.

Un sistema inmune sobreactivado puede ser problemático, especialmente en personas con autoinmunidad, alergias, inflamación crónica, infecciones activas, uso de inmunosupresores o condiciones médicas complejas.

Lo mismo ocurre con la inflamación.

La inflamación no siempre es enemiga. Es parte de la defensa, reparación y adaptación del cuerpo. El problema aparece cuando se vuelve crónica, excesiva o mal regulada.

Por eso, hablar de longevidad, inmunidad o bioregulación exige más cuidado que entusiasmo.

El estilo de vida sigue siendo la base: sueño, nutrición, fuerza, movimiento, salud metabólica, control del estrés, exposición a luz natural, salud digestiva, relaciones saludables y seguimiento médico cuando corresponde.

Ningún péptido debería presentarse como sustituto de esas bases.

Puntos clave

- "Longevidad" es un término amplio y debe definirse con precisión. No todos los bioregulators tienen evidencia clínica sólida.
- Inmunidad no significa simplemente estimular el sistema inmune.
- La inflamación debe regularse, no apagarse sin criterio.
- El estilo de vida sigue siendo la base de la longevidad.

- El contexto individual es especialmente importante en personas con autoinmunidad, inflamación crónica, alergias o enfermedades complejas.
- Un nombre comercial atractivo no garantiza evidencia, seguridad ni calidad.

Error común

Comprar o considerar cualquier producto llamado "longevity" sin saber qué objetivo real busca, qué evidencia existe, qué mecanismo propone y qué riesgos podría tener en un contexto individual.

Resumen práctico

Los péptidos de longevidad, inmunidad y bioregulators deben analizarse con cautela. El nombre puede sonar poderoso, pero lo importante es la evidencia, el mecanismo, el objetivo, el estado regulatorio, la calidad del producto y el contexto de la persona. En longevidad, lo más avanzado no siempre es agregar más compuestos, sino construir mejores bases y tomar decisiones con criterio.

Capítulo 20

Péptidos avanzados para músculo, IGF-1 y anabolismo

Los péptidos avanzados relacionados con músculo, IGF-1 y anabolismo generan mucho interés, pero también requieren mucha cautela.

Dentro de esta categoría suelen mencionarse compuestos como:

- **IGF-1 LR3**
- **IGF-1 DES**
- **MGF**
- **PEG-MGF**
- **HGH**

Compuestos relacionados con señalización de crecimiento

Estos compuestos se asocian con crecimiento celular, recuperación, partición de nutrientes, músculo, reparación y adaptación de tejidos.

Sin embargo, esta categoría no debe tratarse como una herramienta básica.

Las señales relacionadas con IGF-1, hormona de crecimiento y anabolismo pueden influir en rutas importantes del cuerpo. Pueden afectar glucosa,

PLG®

sensibilidad a la insulina, apetito, retención de líquidos, recuperación, tejidos conectivos, proliferación celular y otros procesos biológicos relevantes.

Por esa razón, cualquier compuesto relacionado con crecimiento debe analizarse con especial responsabilidad.

El uso no supervisado de compuestos anabólicos avanzados, sin análisis de laboratorio, sin control de glucosa, sin evaluación de IGF-1, sin revisión del historial médico y sin seguimiento profesional, puede aumentar riesgos innecesarios.

Además, ganar músculo no depende solo de señales de crecimiento.

Depende de entrenamiento de fuerza bien estructurado, progresión adecuada, proteína suficiente, calorías apropiadas, sueño, salud hormonal, sensibilidad a la insulina, recuperación y consistencia.

Sin esos fundamentos, un compuesto avanzado no corrige la base.

Puede incluso crear una falsa sensación de progreso si el entrenamiento, la nutrición o los biomarcadores no están en orden.

Esta categoría debe verse como avanzada, delicada y dependiente del contexto. No como una solución rápida para masa muscular ni como una primera opción para recomposición corporal.

Puntos clave

- Esta categoría es más avanzada y delicada.
- IGF-1 y las señales de crecimiento requieren monitoreo profesional.
- Puede haber impacto sobre glucosa, insulina, apetito, retención y otros sistemas.
- No reemplaza entrenamiento de fuerza, proteína, sueño ni recuperación.
- No debería verse como una primera herramienta.
- El historial médico, los análisis y el contexto metabólico son fundamentales.
- Más señal anabólica no siempre significa mejor resultado ni mayor seguridad.

Error común

Buscar IGF-1, MGF u otros compuestos avanzados antes de tener entrenamiento, nutrición, sueño, glucosa, composición corporal y biomarcadores en orden.

Resumen práctico

Los péptidos avanzados para músculo, IGF-1 y anabolismo deben reservarse para contextos muy bien evaluados y con supervisión profesional. No son herramientas básicas de recomposición corporal. Primero se optimiza la base: entrenamiento, proteína, sueño, recuperación, salud metabólica y análisis. Solo después puede evaluarse si una intervención avanzada tiene sentido dentro de un marco responsable.

Capítulo 21

Cómo leer las fichas prácticas

Las fichas prácticas son la parte de consulta rápida de esta guía.

Su objetivo es que el lector pueda revisar un péptido específico de forma clara, ordenada y sin perderse en teoría innecesaria.

Cada ficha seguirá una estructura simple:

- Nombre
- Categoría
- Qué es
- Para qué se investiga o comercializa
- Evidencia disponible
- Estado regulatorio
- Presentaciones comunes
- Preparación o reconstitución educativa
- Dosis descritas en estudios
- Duración común reportada
- Riesgos y precauciones
- Errores comunes
- Resumen práctico

La idea no es convertir cada ficha en una recomendación de uso.

La idea es organizar la información.

Cuando una ficha mencione preparación, concentración o conversión de unidades, será únicamente para ayudar al lector a entender cómo se interpretan los volúmenes y las concentraciones. No debe interpretarse como una indicación para usar ese compuesto.

Cuando una ficha mencione dosis descritas en estudios, significa que esas cantidades han sido reportadas en literatura científica, investigación, etiquetas oficiales o contextos clínicos específicos. No significa que sean apropiadas para cualquier persona ni que deban aplicarse sin supervisión profesional.

Las fichas también ayudarán a comparar péptidos dentro de una misma categoría.

Por ejemplo, no es lo mismo un péptido metabólico aprobado que uno experimental. No es lo mismo un compuesto relacionado con reparación que uno vinculado con hormona de crecimiento. No es lo mismo un spray nasal que un producto inyectable. No es lo mismo un medicamento regulado que un producto research o wellness.

Cada ficha debe responder tres preguntas rápidas:

¿Qué es?

¿Para qué se investiga, se usa médicamente o se comercializa?

¿Qué riesgos, límites o errores conviene conocer?

El lector debe recordar que una ficha no reemplaza una evaluación profesional. Su función es educar, ordenar conceptos y ayudar a hacer mejores preguntas.

Puntos clave

- Las fichas son herramientas de consulta rápida.
- No son protocolos personalizados.
- La preparación se presenta con fines educativos.
- Las dosis descritas en estudios no son recomendaciones de uso.
- Cada péptido debe evaluarse por categoría, evidencia, regulación, calidad y riesgo.
- La información debe interpretarse siempre dentro de un contexto individual y profesional.

Error común

Leer una ficha como si fuera una instrucción directa de uso, en lugar de verla como una herramienta educativa para entender el compuesto.

Resumen práctico

Las fichas prácticas ayudan a entender cada péptido con orden, claridad y criterio. Sirven para comparar, aprender, detectar riesgos y hacer mejores preguntas, no para reemplazar el criterio médico ni la supervisión de un profesional cualificado.

Capítulo 22

Fichas de péptidos metabólicos

Los péptidos metabólicos se relacionan con apetito, saciedad, glucosa, insulina, peso corporal, grasa visceral y composición corporal.

No todos tienen el mismo nivel de evidencia, seguridad ni regulación. Algunos son medicamentos aprobados para indicaciones específicas. Otros están en investigación. Otros se venden en mercados wellness o research con información más limitada, calidad variable y menor claridad regulatoria.

Por eso, esta categoría debe analizarse con especial cuidado.

La pérdida de peso no debe evaluarse únicamente por el número de la báscula. También importa preservar masa muscular, mantener una nutrición adecuada, controlar síntomas digestivos, vigilar marcadores metabólicos y evitar pérdidas rápidas sin seguimiento.

Semaglutide

Categoría: metabólico / GLP-1.

Qué es: agonista del receptor GLP-1 utilizado médicamente en contextos como diabetes tipo 2 y control de peso, según la indicación, formulación y producto específico.

Para qué se investiga o comercializa: apetito, saciedad, glucosa, pérdida de peso, reducción de grasa corporal y salud metabólica.

Evidencia disponible: cuenta con evidencia clínica sólida en indicaciones específicas cuando se utiliza como medicamento aprobado y bajo supervisión profesional.

Estado regulatorio: existen formulaciones aprobadas para indicaciones concretas. También existen versiones compuestas, comerciales o no aprobadas que no deben asumirse equivalentes a los productos regulados.

Presentaciones comunes: las formulaciones aprobadas suelen venir como solución inyectable lista para usar en pluma o dispositivo dosificado. No se reconstituyen como un vial liofilizado común.

Preparación o reconstitución educativa: en productos aprobados, la preparación depende de la presentación oficial y de las instrucciones del fabricante. No debe improvisarse ni extrapolarse a productos no regulados.

Dosis descritas en estudios: dependen de la indicación, formulación, población estudiada y supervisión médica. No deben extrapolarse a productos no regulados, compuestos o de procedencia incierta.

Duración común reportada: puede utilizarse de forma prolongada bajo indicación médica y seguimiento profesional, dependiendo de la respuesta, tolerancia, objetivo y seguridad.

Riesgos y precauciones: náusea, estreñimiento, reflujo, vómitos, fatiga, baja ingesta, molestias digestivas y posible pérdida de masa muscular si no se cuidan proteína, fuerza y nutrición. También requiere precaución en personas con antecedentes o condiciones médicas específicas.

Error común: verlo como un simple "quemador de grasa" y usarlo solo para bajar peso sin proteger masa muscular, nutrición, fuerza y salud metabólica.

Resumen práctico: Semaglutide puede ser una herramienta médica/metabólica importante en contextos adecuados, pero no debe verse como una solución estética rápida. Su uso responsable requiere indicación correcta, seguimiento, nutrición suficiente y preservación de masa muscular.

Tirzepatide

Categoría: metabólico / GIP + GLP-1.

Qué es: medicamento incretínico con acción sobre receptores GIP y GLP-1.

Para qué se investiga o comercializa: glucosa, apetito, saciedad, obesidad, pérdida de peso, composición corporal y salud metabólica.

Evidencia disponible: cuenta con evidencia clínica relevante en indicaciones específicas cuando se utiliza como producto aprobado y bajo seguimiento profesional.

Estado regulatorio: existen productos aprobados para indicaciones específicas. Las versiones no aprobadas, compuestas o research no deben asumirse equivalentes a los productos regulados.

Presentaciones comunes: las formulaciones aprobadas suelen venir como solución inyectable lista para usar en pluma o dispositivo de dosis específica.

Preparación o reconstitución educativa: en presentaciones aprobadas, no requiere reconstitución por parte del usuario. La administración y conservación dependen de las instrucciones oficiales del producto.

Dosis descritas en estudios: varían según producto, indicación, población estudiada y protocolo médico.

No deben interpretarse como recomendación personalizada.

Duración común reportada: uso progresivo y sostenido bajo seguimiento clínico, dependiendo de tolerancia, respuesta y objetivo terapéutico.

Riesgos y precauciones: náusea, estreñimiento, diarrea, vómitos, fatiga, baja ingesta, molestias digestivas y posible pérdida de masa magra si no se acompaña de proteína suficiente y entrenamiento de fuerza.

Error común: aumentar por calendario sin evaluar tolerancia digestiva, fuerza, nutrición, hidratación, síntomas y composición corporal.

Resumen práctico: Tirzepatide es una herramienta metabólica fuerte en contextos adecuados. El objetivo responsable no debe ser solo perder peso, sino mejorar composición corporal, proteger músculo y mantener seguimiento profesional.

Retatrutide

Categoría: metabólico avanzado / triple agonista.

Qué es: compuesto en investigación relacionado con GLP-1, GIP y glucagón.

Para qué se investiga o comercializa: obesidad, pérdida de grasa, metabolismo, apetito, glucosa y grasa visceral.

Evidencia disponible: se encuentra en investigación clínica. Aunque los datos preliminares pueden resultar prometedores, no debe interpretarse como una herramienta de uso general.

Estado regulatorio: experimental. No debe tratarse como medicamento aprobado de uso general.

Presentaciones comunes: no existe una presentación clínica universal aprobada para uso comercial general. En mercados research puede aparecer como vial liofilizado, con calidad y concentración variables.

Preparación o reconstitución educativa: no existe una preparación clínica universal validada para productos research. Cualquier ejemplo de concentración debe entenderse solo como ejercicio matemático.

Ejemplo educativo de concentración: si un vial contiene 15 mg y se mezcla con 2 ml, la concentración sería 7.5 mg/ml. En una jeringa de insulina de 1 ml / 100 unidades, 0.10 ml equivaldrían a 10 unidades y contendrían 0.75 mg. Esto es únicamente un ejemplo de conversión, no una indicación de uso.

Dosis descritas en estudios: dependen de ensayos clínicos específicos, poblaciones estudiadas, criterios de inclusión y supervisión médica. No deben extrapolarse a productos research.

Duración común reportada: evaluada en protocolos de investigación. No existe una duración clínica universal para uso general.

Riesgos y precauciones: molestias gastrointestinales, fatiga, pérdida rápida de peso, baja ingesta, posible impacto sobre tolerancia digestiva y necesidad de proteger masa muscular, hidratación y nutrición.

Error común: tratarlo como si fuera equivalente a productos aprobados o asumir que "más nuevo" significa automáticamente mejor o más seguro.

Resumen práctico: Retatrutide es un compuesto prometedor, pero experimental. Debe analizarse con máxima prudencia, especialmente cuando se presenta fuera de un contexto clínico regulado.

Cagrilintide / CagriSema

Categoría: metabólico / saciedad.

Qué es: Cagrilintide es un análogo de amilina investigado por su relación con apetito y saciedad. CagriSema combina cagrilintide con semaglutide.

Para qué se investiga o comercializa: obesidad, saciedad, pérdida de peso, control del apetito y salud metabólica.

Evidencia disponible: existen investigaciones clínicas en desarrollo. La evidencia y el estado regulatorio dependen del producto, combinación, país e indicación.

Estado regulatorio: depende del producto y del país. Muchas formulaciones se encuentran en investigación o desarrollo y no deben interpretarse como equivalentes a medicamentos aprobados de uso general.

Presentaciones comunes: las presentaciones clínicas dependen del producto estudiado. En mercados research pueden encontrarse versiones con calidad, concentración y regulación variables.

Preparación o reconstitución educativa: no debe asumirse que una versión research tiene la misma calidad, concentración, estabilidad o preparación que una formulación de estudio.

Dosis descritas en estudios: dependen del ensayo, combinación, población estudiada y supervisión clínica.

Duración común reportada: protocolos de investigación de varias semanas o meses, según el diseño del estudio.

Riesgos y precauciones: náusea, baja ingesta, molestias digestivas, fatiga, pérdida de masa magra si no se protege músculo, y riesgo de comer demasiado poco si no se vigila nutrición.

Error común: combinarlo con otros compuestos que reducen apetito sin controlar proteína, calorías, hidratación, digestión y masa muscular.

Resumen práctico: Cagrilintide y CagriSema son interesantes por su relación con saciedad, pero no deben usarse como excusa para comer demasiado poco ni para ignorar la calidad nutricional.

Tesamorelin

Categoría: GHRH / grasa visceral.

Qué es: análogo de GHRH con uso médico específico en ciertos contextos relacionados con grasa visceral.

Para qué se investiga o comercializa: grasa visceral, IGF-1, composición corporal y metabolismo.

Evidencia disponible: cuenta con evidencia y uso médico en indicaciones específicas. No debe interpretarse como un quemador de grasa general.

Estado regulatorio: existe como medicamento aprobado para indicaciones específicas.

Presentaciones comunes: algunas formulaciones aprobadas vienen como polvo liofilizado para reconstituir siguiendo instrucciones oficiales del producto.

Preparación o reconstitución educativa: la preparación depende de la formulación exacta y de la etiqueta oficial. No debe improvisarse ni trasladarse a productos no regulados.

Dosis descritas en estudios: deben interpretarse según indicación médica, producto, población estudiada y etiqueta oficial.

Duración común reportada: uso bajo supervisión clínica, con seguimiento de respuesta, tolerancia y marcadores relevantes.

Riesgos y precauciones: retención de líquidos, molestias articulares, cambios en glucosa, aumento de IGF-1, sensibilidad metabólica y posibles efectos relacionados con hormona de crecimiento.

Error común: usarlo o interpretarlo como quemador general de grasa sin monitorear IGF-1, glucosa, respuesta metabólica y contexto clínico.

Resumen práctico: Tesamorelin es relevante para grasa visceral en contextos específicos, pero no es una herramienta simple, universal ni adecuada para todas las personas.

AOD-9604

Categoría: metabólico / lipólisis.

Qué es: fragmento modificado relacionado con hormona de crecimiento, comercializado principalmente por su posible relación con pérdida de grasa.

Para qué se investiga o comercializa: lipólisis, grasa corporal, recomposición y apoyo metabólico.

Evidencia disponible: limitada en comparación con medicamentos metabólicos aprobados. La información disponible debe interpretarse con cautela.

Estado regulatorio: no debe asumirse como aprobado para uso humano general. Es común en mercados wellness o research, donde la calidad y regulación pueden variar.

Presentaciones comunes: suele encontrarse como vial liofilizado en mercados research. No existe una preparación clínica universal estandarizada.

Preparación o reconstitución educativa: cualquier cálculo de concentración debe entenderse como ejemplo matemático, no como instrucción de preparación ni uso.

Ejemplo educativo de concentración: si un vial contiene 5 mg y se mezcla con 2 ml, la concentración sería 2.5 mg/ml. En una jeringa de insulina de 1 ml / 100 unidades, 0.10 ml equivaldrían a 10 unidades y contendrían 0.25 mg, es decir, 250 mcg.

Dosis descritas en estudios: la información disponible debe interpretarse con cautela y no trasladarse automáticamente a productos comerciales o research.

Duración común reportada: varía ampliamente en contextos wellness o research. No existe una duración clínica universal validada para uso general.

Riesgos y precauciones: evidencia limitada, expectativas exageradas, calidad variable, baja respuesta en muchos casos y riesgo de desplazar estrategias metabólicas mejor fundamentadas.

Error común: usarlo como base principal de pérdida de grasa sin corregir nutrición, fuerza, sueño, glucosa y composición corporal.

Resumen práctico: AOD-9604 puede sonar atractivo en marketing, pero no debería desplazar estrategias metabólicas más sólidas ni medicamentos con mayor respaldo cuando exista una indicación médica real.

HGH Fragment 176-191

Categoría: lipólisis / research.

Qué es: fragmento relacionado con hormona de crecimiento, comercializado por su posible relación con lipólisis y pérdida de grasa.

Para qué se investiga o comercializa: lipólisis, pérdida de grasa, recomposición y apoyo metabólico.

Evidencia disponible: limitada y menos sólida que la de medicamentos metabólicos aprobados. Los resultados reportados pueden ser variables.

Estado regulatorio: común en mercado research. No debe asumirse aprobado para uso humano general.

Presentaciones comunes: suele encontrarse como vial liofilizado en mercados research, con calidad y concentración variables.

Preparación o reconstitución educativa: no existe una preparación clínica universal estandarizada. Los cálculos deben entenderse solo como ejemplos educativos de concentración.

Ejemplo educativo de concentración: si un vial contiene 5 mg y se mezcla con 2 ml, la concentración sería 2.5 mg/ml. Entonces, 0.10 ml equivaldrían a 10 unidades y contendrían 0.25 mg, es decir, 250 mcg.

Dosis descritas en estudios: depende del contexto experimental y no debe interpretarse como recomendación personalizada.

Duración común reportada: variable en mercados wellness o research. No existe una duración validada universalmente.

Riesgos y precauciones: evidencia limitada, calidad variable, resultados inconsistentes y riesgo de expectativas exageradas.

Error común: compararlo directamente con medicamentos metabólicos modernos o esperar resultados similares.

Resumen práctico: HGH Fragment 176-191 es más común en conversaciones comerciales y research que en estrategias metabólicas esenciales. Debe analizarse con cautela, especialmente si se presenta como solución principal para pérdida de grasa.

Puntos clave

- Los péptidos metabólicos no son todos iguales.
- Algunos tienen aprobación médica para indicaciones específicas; otros son experimentales o comerciales.
- La preparación depende del producto real, no del nombre del compuesto.

- Las versiones research no deben asumirse equivalentes a productos clínicos.
- La pérdida de grasa debe proteger músculo, proteína, fuerza, sueño y salud metabólica.
- La tolerancia digestiva, la hidratación y la ingesta nutricional son especialmente importantes.
- El objetivo responsable no es solo bajar peso, sino mejorar composición corporal y salud metabólica.

Resumen práctico del capítulo

Los péptidos metabólicos pueden ser herramientas potentes en contextos adecuados, pero deben evaluarse por evidencia, regulación, presentación real, tolerancia, calidad del producto, objetivo y supervisión profesional. La meta no es simplemente pesar menos, sino perder grasa de forma responsable, preservar músculo y mejorar la salud metabólica con criterio.

Capítulo 23

Fichas de péptidos GH y recuperación

Esta categoría incluye péptidos relacionados con hormona de crecimiento, recuperación, sueño profundo, IGF-1 y composición corporal.

La hormona de crecimiento trabaja en pulsos. Por eso, no todos los compuestos que estimulan señales relacionadas con GH se comportan igual ni deben interpretarse de la misma manera.

Algunos péptidos buscan favorecer una señal más pulsátil. Otros tienen una acción más prolongada. Algunos pueden influir más en el apetito. Otros pueden tener mayor riesgo de retención, cambios en IGF-1, molestias articulares o desensibilización.

En esta categoría, el contexto importa mucho: sueño, entrenamiento, proteína, glucosa, edad, grasa visceral, salud metabólica, niveles de IGF-1 y supervisión profesional.

CJC-1295 No DAC

Categoría: GHRH / hormona de crecimiento.

Qué es: péptido relacionado con la estimulación de señales de GH de forma más pulsátil, en comparación con versiones de acción más prolongada.

Para qué se investiga o comercializa: recuperación, sueño, composición corporal, apoyo a señales relacionadas con GH e IGF-1.

Evidencia disponible: la información disponible debe interpretarse según el contexto de investigación, formulación y uso reportado. No debe asumirse como equivalente a medicamentos aprobados.

Estado regulatorio: común en mercados wellness o research. No debe asumirse aprobado para uso humano general.

Presentaciones comunes: suele encontrarse como vial liofilizado en mercados research o wellness.

Preparación o reconstitución educativa: no existe una preparación clínica universal estandarizada para productos research. Cualquier cálculo debe entenderse únicamente como ejemplo educativo de concentración.

Ejemplo educativo de concentración: si un vial contiene 10 mg y se mezcla con 5 ml, la concentración sería 2 mg/ml. En una jeringa de insulina de 1 ml / 100 unidades, 0.10 ml equivaldrían a 10 unidades y

contendrían 0.2 mg, es decir, 200 mcg. Esto es solo un ejemplo matemático, no una indicación de uso.

Dosis descritas en estudios: deben interpretarse según protocolo específico, población estudiada y contexto de investigación. No representan una recomendación universal.

Duración común reportada: suele mencionarse en períodos definidos dentro de contextos wellness o research, aunque no existe una duración clínica universal validada para uso general.

Riesgos y precauciones: retención de líquidos, hormigueo, somnolencia, cambios de apetito, posible aumento de IGF-1 y respuesta variable según el contexto individual.

Error común: interpretarlo como sustituto del sueño profundo, la recuperación adecuada o el monitoreo de IGF-1.

Resumen práctico: CJC-1295 No DAC suele presentarse como una opción relacionada con apoyo pulsátil de GH, pero no reemplaza sueño, entrenamiento, proteína, control metabólico ni supervisión profesional.

CJC-1295 DAC

Categoría: GHRH de acción prolongada.

Qué es: versión modificada de CJC-1295 con vida media más larga, diseñada para una exposición más sostenida.

Para qué se investiga o comercializa:

señal relacionada con GH e IGF-1, recuperación, composición corporal y apoyo al eje de hormona de crecimiento.

Evidencia disponible: debe interpretarse según investigación disponible, contexto del producto y calidad de la formulación. No debe asumirse como equivalente a una estrategia médica aprobada.

Estado regulatorio: común en mercados research o wellness. No existe una preparación clínica universal para productos no aprobados.

Presentaciones comunes: suele encontrarse como vial liofilizado en mercados research.

Preparación o reconstitución educativa: cualquier cálculo de concentración debe entenderse como ejercicio educativo, no como instrucción de preparación o uso.

Ejemplo educativo de concentración: si un vial contiene 5 mg y se mezcla con 2 ml, la concentración sería 2.5 mg/ml. En una jeringa de insulina de 1 ml / 100 unidades, 0.10 ml equivaldrían a 10 unidades y contendrían 0.25 mg, es decir, 250 mcg.

Dosis descritas en estudios:

varían según investigación y no equivalen a una recomendación personalizada.

Duración común reportada: por su vida media más prolongada, suele reportarse con menor frecuencia en contextos wellness o research, pero esto no constituye una guía clínica universal.

Riesgos y precauciones: aumento de IGF-1, retención de líquidos, somnolencia, molestias articulares, cambios en glucosa y posible exposición más sostenida de la señal.

Error común: pensar que una acción más larga siempre es mejor o más conveniente.

Resumen práctico: CJC-1295 DAC puede considerarse más agresivo que la versión No DAC por su exposición más prolongada. Requiere mayor cautela, especialmente por su posible impacto sobre IGF-1, retención y metabolismo.

Ipamorelin

Categoría: GHRP / secretagogo de GH.

Qué es: péptido relacionado con la estimulación de liberación de GH mediante rutas asociadas a receptores de ghrelina.

Para qué se investiga o comercializa: recuperación, sueño, composición corporal, apoyo a señales de GH y bienestar general.

Evidencia disponible: existe información en contextos de investigación y wellness, pero no debe asumirse como medicamento aprobado para uso humano general.

Estado regulatorio: común en mercados research o wellness. No existe una preparación clínica universal estandarizada para productos no aprobados.

Presentaciones comunes: suele presentarse como vial liofilizado.

Preparación o reconstitución educativa: los cálculos de concentración solo sirven para comprender medidas y no deben interpretarse como instrucciones personalizadas.

Ejemplo educativo de concentración: si un vial contiene 10 mg y se mezcla con 5 ml, la concentración sería 2 mg/ml. En una jeringa de insulina de 1 ml / 100 unidades, 0.10 ml equivaldrían a 10 unidades y contendrían 0.2 mg, es decir, 200 mcg.

Dosis descritas en estudios: dependen del protocolo estudiado, población, vía, producto y contexto. No deben usarse como indicación personal.

Duración común reportada: suele reportarse en períodos definidos dentro de mercados wellness o research, sin que exista una duración clínica universal.

Riesgos y precauciones: hambre en algunas personas, somnolencia, retención leve, respuesta variable, posible interacción con otros secretagogos o señales relacionadas con GH.

Error común: combinarlo con demasiados secretagogos redundantes sin evaluar si la estrategia tiene sentido.

Resumen práctico: Ipamorelin es uno de los compuestos más mencionados en esta categoría por su perfil percibido como más suave, pero sigue requiriendo criterio, contexto, evaluación de objetivos y supervisión profesional.

Sermorelin

Categoría: GHRH.

Qué es: péptido relacionado con la estimulación de la liberación natural de GH.

Para qué se investiga o comercializa: apoyo del eje GH, recuperación, sueño, composición corporal y envejecimiento saludable.

Evidencia disponible: se ha utilizado en contextos clínicos y de compounding según regulación local, aunque su interpretación depende del producto, indicación y supervisión profesional.

Estado regulatorio: puede aparecer en contextos clínicos, wellness o de compounding, dependiendo de la regulación del país o estado.

Presentaciones comunes: puede presentarse como vial liofilizado para reconstitución bajo indicación profesional.

Preparación o reconstitución educativa: la preparación depende del producto real, su formulación y las instrucciones profesionales correspondientes. No debe improvisarse.

Ejemplo educativo de concentración: si un vial contiene 5 mg y se mezcla con 2 ml, la concentración sería 2.5 mg/ml. En una jeringa de insulina de 1 ml /

FLG®

100 unidades, 0.10 ml equivaldrían a 10 unidades y contendrían 0.25 mg, es decir, 250 mcg.

Dosis descritas en estudios: dependen del contexto clínico, formulación, indicación y evaluación médica.

Duración común reportada: períodos definidos con monitoreo de respuesta, síntomas y marcadores relevantes.

Riesgos y precauciones: irritación local, cambios en sueño, respuesta variable, posible impacto sobre IGF-1 y necesidad de evaluar contexto metabólico.

Error común: considerarlo automáticamente necesario sin evaluar sueño, síntomas reales, IGF-1, glucosa o fundamentos de recuperación.

Resumen práctico: Sermorelin suele verse como una opción más conservadora dentro de la categoría GH, pero aun así requiere contexto, evaluación profesional y seguimiento adecuado.

GHRP-2

Categoría: GHRP / secretagogo de GH.

Qué es: péptido secretagogo de GH relacionado con rutas de ghrelina.

Para qué se investiga o comercializa: aumento de señales de GH, recuperación, composición corporal y apoyo al rendimiento.

Evidencia disponible: debe interpretarse dentro de contextos de investigación o reportes wellness. No debe asumirse como producto aprobado para uso humano general.

Estado regulatorio: común en mercados research o wellness.

Presentaciones comunes: suele encontrarse como vial liofilizado en mercados research.

Preparación o reconstitución educativa: no existe una preparación clínica universal estandarizada. Los cálculos deben verse solo como ejemplos matemáticos.

Ejemplo educativo de concentración: si un vial contiene 5 mg y se mezcla con 2 ml, la concentración sería 2.5 mg/ml. En una jeringa de insulina de 1 ml / 100 unidades, 0.10 ml equivaldrían a 10 unidades y contendrían 0.25 mg, es decir, 250 mcg.

Dosis descritas en estudios: varían por protocolo experimental y no deben interpretarse como recomendación universal.

Duración común reportada: ciclos cortos o moderados en contextos no aprobados o wellness, sin duración validada para uso general.

Riesgos y precauciones: hambre, retención, somnolencia, posible impacto sobre prolactina o cortisol y respuesta variable.

Error común: elegirlo para pérdida de grasa sin considerar que puede aumentar el apetito en algunas personas.

Resumen práctico: GHRP-2 puede tener más efectos secundarios potenciales que opciones percibidas como más suaves. No suele ser una primera opción en un enfoque prudente.

GHRP-6

Categoría: GHRP / secretagogo de GH.

Qué es: péptido secretagogo de GH conocido por su posible relación con aumento del apetito en muchas personas.

Para qué se investiga o comercializa: señales de GH, recuperación, aumento de hambre y apoyo a composición corporal en ciertos contextos.

Evidencia disponible: principalmente discutido en contextos research o wellness. No debe asumirse como aprobado para uso humano general.

Estado regulatorio: común en mercados research o wellness.

Presentaciones comunes: suele encontrarse como vial liofilizado.

Preparación o reconstitución educativa: no existe una preparación clínica universal estandarizada para productos research.

Ejemplo educativo de concentración: si un vial contiene 5 mg y se mezcla con 2 ml, la concentración sería 2.5 mg/ml. En una jeringa de insulina de 1 ml / 100 unidades, 0.10 ml equivaldrían a 10 unidades y contendrían 0.25 mg, es decir, 250 mcg.

Dosis descritas en estudios: dependen del contexto experimental y no deben interpretarse como indicación personalizada.

Duración común reportada: variable en contextos wellness o research.

Riesgos y precauciones: hambre intensa, retención, somnolencia, posible impacto hormonal y dificultad para controlar ingesta en personas que buscan pérdida de grasa.

Error común: usarlo o considerarlo durante una fase de pérdida de grasa sin tener en cuenta su posible efecto sobre el apetito.

Resumen práctico: GHRP-6 puede ser contraproducente si el objetivo principal es controlar hambre o reducir grasa corporal. Debe analizarse con cautela y contexto.

Hexarelin

Categoría: GHRP potente.

Qué es: secretagogo de GH considerado más potente dentro de los GHRP mencionados en contextos research.

Para qué se investiga o comercializa: señales de GH, recuperación, composición corporal y apoyo anabólico indirecto.

Evidencia disponible: debe interpretarse dentro del contexto de investigación disponible. No debe asumirse como aprobado para uso humano general.

Estado regulatorio: común en mercados research o wellness.

Presentaciones comunes: vial liofilizado en mercados research.

Preparación o reconstitución educativa: no existe una preparación clínica universal estandarizada. Los cálculos son únicamente educativos.

Ejemplo educativo de concentración: si un vial contiene 5 mg y se mezcla con 2 ml, la concentración sería 2.5 mg/ml. En una jeringa de insulina de 1 ml / 100 unidades, 0.10 ml equivaldrían a 10 unidades y contendrían 0.25 mg, es decir, 250 mcg.

Dosis descritas en estudios: dependen del protocolo estudiado y no deben extrapolarse a uso general.

Duración común reportada: suele reportarse en períodos limitados dentro de contextos research o wellness, sin una duración clínica universal validada.

Riesgos y precauciones: retención, posible desensibilización, cambios en prolactina o cortisol, molestias relacionadas con exceso de señal y mayor necesidad de seguimiento.

Error común: pensar que más potencia significa automáticamente mejor resultado.

Resumen práctico: Hexarelin es un compuesto avanzado dentro de esta categoría. Por su potencia y posibles efectos sobre varias rutas hormonales, no debería verse como una herramienta casual ni de primera línea.

Puntos clave

- La GH trabaja en pulsos.
- No todos los secretagogos son equivalentes.
- Estimular señales relacionadas con GH no es lo mismo que administrar hormona de crecimiento directamente.
- IGF-1 debe considerarse dentro del seguimiento.

- La preparación depende del producto real, no del nombre del péptido.
- Los ejemplos de concentración son educativos y no instrucciones de uso.
- Más estimulación no siempre significa mejor resultado.
- Sueño, fuerza, proteína y salud metabólica siguen siendo la base.

Resumen práctico del capítulo

Los péptidos relacionados con GH pueden ser de interés en ciertos contextos de recuperación, sueño, composición corporal o investigación, pero no reemplazan sueño profundo, entrenamiento de fuerza, proteína suficiente, control metabólico ni monitoreo profesional. En esta categoría, más señal no siempre significa mejor estrategia. La evaluación responsable debe considerar evidencia, IGF-1, glucosa, síntomas, objetivos, riesgos y supervisión cualificada.

Capítulo 24

Fichas de péptidos de reparación

Los péptidos de reparación se asocian con tendones, ligamentos, piel, intestino, inflamación, dolor, cicatrización y recuperación.

Son muy populares en contextos deportivos, wellness y research, pero no deben reemplazar diagnóstico, rehabilitación, descanso, nutrición ni manejo adecuado de cargas.

En esta categoría es importante recordar algo esencial:

Menos dolor no siempre significa tejido reparado.

Una lesión puede sentirse mejor antes de que el tendón, ligamento, músculo, articulación o tejido afectado esté completamente preparado para soportar carga intensa. Por eso, cualquier estrategia relacionada con recuperación debe interpretarse con prudencia y acompañarse de evaluación profesional cuando sea necesario.

BPC-157

Categoría: reparación / tejido conectivo / gastrointestinal.

Qué es: péptido sintético relacionado con una secuencia encontrada en el ambiente gástrico.

Para qué se investiga o comercializa: lesiones, tendones, ligamentos, intestino, inflamación, dolor y recuperación.

Evidencia disponible: existen estudios preclínicos y reportes de interés, pero la evidencia clínica en humanos sigue siendo limitada. No debe interpretarse como una terapia aprobada de uso general.

Estado regulatorio: común en mercados research o wellness. No debe asumirse aprobado para uso humano general.

Presentaciones comunes: suele aparecer como vial liofilizado en mercados research. También puede encontrarse en otras presentaciones comerciales según proveedor.

Preparación o reconstitución educativa: no existe una preparación clínica universal estandarizada para productos research. Cualquier cálculo debe entenderse únicamente como ejemplo educativo de concentración.

Ejemplo educativo de concentración: si un vial contiene 5 mg y se mezcla con 2 ml, la concentración sería 2.5 mg/ml. En una jeringa de insulina de 1 ml / 100 unidades, 0.10 ml equivaldrían a 10 unidades y contendrían 0.25 mg, es decir, 250 mcg. Esto es solo un ejemplo matemático, no una indicación de uso.

Dosis descritas en estudios: la evidencia humana es limitada. Cualquier rango reportado debe interpretarse con cautela y no como recomendación personalizada.

Duración común reportada: suele mencionarse en períodos cortos o moderados dentro de contextos wellness o research, sin una duración clínica universal validada.

Riesgos y precauciones: datos humanos limitados, calidad variable del producto, posible uso para tapar dolor sin resolver la lesión, falsa sensación de recuperación y riesgo de volver demasiado rápido a cargas intensas.

Error común: sentir menos dolor y asumir que el tejido ya está completamente reparado.

Resumen práctico: BPC-157 es un compuesto de interés en conversaciones sobre reparación, pero no sustituye diagnóstico, rehabilitación, descanso, proteína, sueño ni manejo progresivo de cargas.

TB-500 / Thymosin Beta-4

Categoría: reparación / movilidad celular / tejido blando.

Qué es: compuesto relacionado con procesos de reparación tisular, movilidad celular y recuperación de tejido blando.

Para qué se investiga o comercializa: lesiones, tejido blando, movilidad, recuperación, inflamación y reparación.

Evidencia disponible: existe interés preclínico y experimental, pero la evidencia clínica en humanos es limitada y debe interpretarse con prudencia.

Estado regulatorio: común en mercados research o wellness. No debe asumirse aprobado para uso humano general.

Presentaciones comunes: suele encontrarse como vial liofilizado en mercados research.

Preparación o reconstitución educativa: no existe una preparación clínica universal estandarizada. Los cálculos de concentración solo sirven para comprender medidas, no para indicar uso.

Ejemplo educativo de concentración: si un vial contiene 10 mg y se mezcla con 2 ml, la concentración sería 5 mg/ml. En una jeringa de insulina de 1 ml / 100 unidades, 0.10 ml equivaldrían a 10 unidades y contendrían 0.5 mg. Esto es únicamente un ejemplo educativo de conversión.

Dosis descritas en estudios: dependen del contexto experimental, modelo estudiado, formulación y objetivo. No deben interpretarse como recomendación universal.

Duración común reportada: suele reportarse en períodos definidos dentro de mercados wellness o research, sin una duración clínica universal validada.

Riesgos y precauciones: evidencia humana limitada, incertidumbre sobre efectos sistémicos, calidad variable, dificultad para interpretar respuesta y posible uso sin diagnóstico adecuado.

Error común: considerarlo sin saber si la lesión requiere reposo, fisioterapia, modificación de carga, imagen diagnóstica o evaluación médica.

Resumen práctico: TB-500 suele presentarse como una opción más sistémica dentro de la categoría de reparación. Por esa misma razón, requiere prudencia, contexto y supervisión profesional.

GHK-Cu

Categoría: péptido de cobre / piel / reparación.

Qué es: péptido de cobre relacionado con piel, colágeno, cicatrización, reparación y apariencia cutánea.

Para qué se investiga o comercializa: piel, cabello, cicatrización, colágeno, apariencia, envejecimiento saludable y recuperación estética.

Evidencia disponible: tiene uso amplio en cosmética tópica y estudios relacionados con piel y reparación. Las formas inyectables o research deben analizarse por separado, ya que no tienen el mismo perfil que los productos tópicos cosméticos.

Estado regulatorio: ampliamente usado en cosmética tópica. Las formas inyectables o viales liofilizados pertenecen más al mercado wellness o research, según proveedor y regulación local.

Presentaciones comunes: puede encontrarse en sueros tópicos, cremas, productos cosméticos o viales liofilizados, dependiendo del proveedor y la finalidad comercial.

Preparación o reconstitución educativa:

la preparación depende totalmente de la forma del producto. No debe confundirse una presentación tópica con una presentación inyectable o research.

Ejemplo educativo de concentración: si un vial contiene 50 mg y se mezcla con 5 ml, la concentración sería 10 mg/ml. En una jeringa de insulina de 1 ml / 100 unidades, 0.10 ml equivaldrían a 10 unidades y contendrían 1 mg. Esto solo ilustra un cálculo de concentración, no una indicación de uso.

Dosis descritas en estudios: varían mucho según vía tópica, cosmética, experimental o research. No deben trasladarse de una vía a otra sin criterio profesional.

Duración común reportada: depende de la vía, objetivo, formulación y tolerancia.

Riesgos y precauciones: irritación local, sensibilidad cutánea, exceso de cobre, mala calidad del producto, confusión entre forma tópica e inyectable y expectativas exageradas.

Error común: asumir que una presentación tópica y una presentación inyectable tienen el mismo perfil de seguridad, absorción y regulación.

Resumen práctico: GHK-Cu tiene un uso más concreto en conversaciones sobre piel, colágeno y reparación estética, pero la vía de administración cambia completamente la interpretación. La forma tópica no debe confundirse con versiones research o inyectables.

KPV

Categoría: antiinflamatorio / piel / intestino / sistema inmune.

Qué es: tripéptido relacionado con alfa-MSH, estudiado por su posible relación con inflamación, piel, intestino y regulación inmune.

Para qué se investiga o comercializa: inflamación, piel, intestino, sistema inmune, molestias digestivas y apoyo en procesos inflamatorios.

Evidencia disponible: existe interés experimental, pero la evidencia clínica en humanos es limitada y depende mucho de la formulación, vía y contexto.

Estado regulatorio: común en mercados research o wellness. No debe asumirse aprobado para uso humano general.

Presentaciones comunes: puede aparecer como cápsula, spray, tópico o vial, según proveedor. La calidad, concentración y regulación pueden variar ampliamente.

Preparación o reconstitución educativa: no existe una preparación clínica universal estandarizada. Cualquier cálculo debe entenderse como ejemplo educativo.

Ejemplo educativo de concentración: si un vial contiene 5 mg y se mezcla con 2 ml, la concentración sería 2.5 mg/ml. En una jeringa de insulina de 1 ml /

100 unidades, 0.10 ml equivaldrían a 10 unidades y contendrían 0.25 mg, es decir, 250 mcg.

Dosis descritas en estudios: dependen del modelo, formulación, vía y contexto experimental. No deben interpretarse como recomendación personalizada.

Duración común reportada: variable en contextos wellness o research, sin una duración clínica universal validada.

Riesgos y precauciones: evidencia limitada, formulaciones variables, calidad incierta y uso para síntomas digestivos o inflamatorios sin investigar la causa real.

Error común: considerarlo para síntomas digestivos, piel o inflamación sin evaluar primero diagnóstico, alimentación, microbiota, medicamentos, alergias, estrés, autoinmunidad u otras causas.

Resumen práctico: KPV es interesante en concepto por su relación con inflamación, piel e intestino, pero todavía requiere más claridad clínica. Debe interpretarse con cautela y no como solución general para síntomas inflamatorios.

Puntos clave

- Reparación no significa curación inmediata.
- Menos dolor no equivale necesariamente a tejido reparado. La preparación depende de la forma, proveedor y producto real. No todos los péptidos de reparación tienen evidencia humana sólida.
- La fisioterapia, el diagnóstico y el manejo de carga siguen siendo centrales.
- La nutrición, la proteína, el sueño y el descanso influyen directamente en la recuperación.
- Los productos research no deben asumirse equivalentes a formulaciones clínicas.
- La calidad, procedencia y regulación del producto importan.

Resumen práctico del capítulo

Los péptidos de reparación pueden ser compuestos de interés en contextos de investigación, deporte, wellness o recuperación, pero la reparación real necesita diagnóstico correcto, tiempo, nutrición, sueño, rehabilitación y manejo progresivo de cargas. Ningún péptido debe usarse como excusa para ignorar una lesión, saltarse la fisioterapia o volver demasiado pronto a una actividad intensa.

Capítulo 25

Fichas de péptidos cognitivos y sueño

Esta categoría incluye compuestos utilizados, investigados o comercializados por su posible relación con enfoque, ansiedad, estrés, sueño, neuroprotección, ritmo circadiano y claridad mental.

El sueño y la cognición no tienen una sola causa. Por eso, estos péptidos deben evaluarse con contexto.

Una persona puede tener mala concentración por falta de sueño, ansiedad, exceso de estímulos, depresión, resistencia a la insulina, déficit nutricional, estrés crónico o medicamentos. Del mismo modo, una persona puede dormir mal por apnea, alcohol, dolor, perimenopausia, cafeína, hipoglucemia nocturna, ansiedad o una rutina nocturna desordenada.

Por esa razón, no todo cansancio necesita estimulación.

Y no todo insomnio necesita un péptido.

Semax

Categoría: cognición / enfoque.

Qué es: péptido relacionado con investigación neurológica y comercializado en algunos mercados wellness, especialmente en formato nasal.

Para qué se investiga o comercializa: enfoque, claridad mental, energía cognitiva, neuroprotección y rendimiento mental.

Evidencia disponible: depende del país, formulación y contexto de investigación. No debe asumirse que todas las versiones comerciales tienen el mismo respaldo, calidad o regulación.

Estado regulatorio: depende del país. En muchos mercados wellness o research no debe asumirse aprobado para uso humano general.

Presentaciones comunes: suele encontrarse como spray nasal. También puede aparecer como vial research, según proveedor.

Preparación o reconstitución educativa: en sprays nasales, la cantidad por aplicación depende de tres datos: mg totales del producto, ml totales del frasco y volumen liberado por cada spray. Sin esos datos no se puede calcular la cantidad real por aplicación.

Ejemplo educativo de concentración: si un spray contiene 10 mg en 10 ml, la concentración sería 1 mg/ml. Pero para saber cuánto contiene cada spray, también se necesita conocer cuántos ml libera cada aplicación.

Dosis descritas en estudios: dependen de la formulación, país, vía, producto y contexto de investigación. No deben interpretarse como recomendación personalizada.

Duración común reportada: suele mencionarse en períodos cortos o definidos, dependiendo del contexto wellness, research o clínico.

Riesgos y precauciones: sobreestimulación, irritabilidad, insomnio si se utiliza tarde, ansiedad en personas sensibles, irritación nasal y respuesta variable.

Error común: usarlo para energía o productividad cuando el problema real es falta de sueño, estrés crónico o mala recuperación.

Resumen práctico: Semax se asocia más con claridad mental y enfoque que con relajación. Debe analizarse con prudencia, especialmente en personas con ansiedad, insomnio o alta sensibilidad a estimulantes.

Selank

Categoría: estrés / ansiedad / calma.

Qué es: péptido relacionado con modulación de estrés y ansiedad en ciertos contextos de investigación y comercialización wellness.

Para qué se investiga o comercializa: ansiedad, calma, estrés, equilibrio emocional y respuesta al estrés.

Evidencia disponible: varía según país, formulación y contexto. La evidencia no debe generalizarse a todos los productos comerciales disponibles.

Estado regulatorio: depende del país. Es común en mercados wellness o research, donde no debe asumirse aprobación para uso humano general.

Presentaciones comunes: suele encontrarse como spray nasal o vial research.

Preparación o reconstitución educativa: en formato nasal, la cantidad por spray depende de la concentración del producto y del volumen liberado por cada aplicación

Ejemplo educativo de concentración: si un spray contiene 10 mg en 10 ml, la concentración sería 1 mg/ml. La cantidad por spray dependerá del volumen liberado en cada aplicación, dato que debe estar especificado por el fabricante para poder calcularse correctamente.

Dosis descritas en estudios: dependen de la formulación, vía, país y contexto de investigación. No deben interpretarse como recomendación personalizada.

Duración común reportada: suele mencionarse en períodos cortos o moderados, dependiendo del contexto.

Riesgos y precauciones: somnolencia, respuesta variable, cambios en estado de ánimo, irritación nasal y precaución especial en personas que usan medicamentos psiquiátricos o tienen diagnósticos de salud mental.

Error común: usarlo como sustituto de tratamiento profesional para ansiedad clínica, depresión, ataques de pánico u otros trastornos emocionales.

Resumen práctico: Selank puede ser interesante como tema de investigación relacionado con estrés y calma, pero no reemplaza atención profesional, terapia, evaluación médica ni manejo integral de la salud mental.

NA-Semax Amidate

Categoría: cognición avanzada.

Qué es: versión modificada de Semax, comercializada en algunos mercados como una variante potencialmente más potente o duradera.

Para qué se investiga o comercializa: enfoque, motivación, claridad mental, neuroplasticidad y rendimiento cognitivo.

Evidencia disponible: más limitada y dependiente de formulación específica. No debe asumirse que tiene el mismo perfil que Semax estándar ni que "más potente" significa mejor.

Estado regulatorio: común en mercados research o wellness. No debe asumirse aprobado para uso humano general.

Presentaciones comunes: puede encontrarse como spray nasal o vial research, según proveedor.

Preparación o reconstitución educativa: en sprays nasales se necesita conocer mg totales, ml totales y volumen por spray. Sin esos datos, no hay cálculo real.

Ejemplo educativo de concentración: si un producto nasal contiene 20 mg en 10 ml, la concentración sería 2 mg/ml. Pero la cantidad por spray solo puede calcularse si se conoce el volumen liberado en cada aplicación.

Dosis descritas en estudios: la información es limitada y depende de la formulación, vía y contexto de investigación. No debe interpretarse como recomendación personalizada.

Duración común reportada: variable en mercados research o wellness, sin una duración clínica universal validada.

Riesgos y precauciones: ansiedad, insomnio, irritabilidad, sobreestimulación, sensibilidad individual y posible empeoramiento del descanso si se usa en horarios inadecuados.

Error común: asumir que una versión más potente o más duradera es automáticamente mejor.

Resumen práctico: NA-Semax Amidate requiere más cautela que Semax estándar. En compuestos cognitivos, más intensidad no siempre significa mayor beneficio ni mejor tolerancia.

NA-Selank Amidate

Categoría: estrés / ansiedad / calma.

Qué es: versión modificada de Selank, comercializada como una variante potencialmente más duradera.

Para qué se investiga o comercializa: calma, ansiedad, estrés prolongado, equilibrio emocional y respuesta al estrés.

Evidencia disponible: limitada y dependiente de formulación. No debe asumirse como equivalente directo a Selank estándar ni como tratamiento para ansiedad clínica.

Estado regulatorio: común en mercados research o wellness. No debe asumirse aprobado para uso humano general.

Presentaciones comunes: puede aparecer en formato nasal o vial research, según proveedor.

Preparación o reconstitución educativa: la interpretación depende de la vía. En un vial, se calcula concentración por ml. En un spray nasal, se necesita conocer mg totales, ml totales y volumen por spray.

Ejemplo educativo de concentración: si un vial contiene 10 mg y se mezcla con 2 ml, la concentración sería 5 mg/ml. La equivalencia por unidad, gota o spray dependerá de la vía y del dispositivo utilizado. Este ejemplo solo ilustra el cálculo de concentración.

Dosis descritas en estudios: limitada y dependiente de formulación, vía y contexto. No debe interpretarse como recomendación personalizada.

Duración común reportada: variable en mercados wellness o research.

Riesgos y precauciones: somnolencia, apatía, respuesta emocional variable, interacción con medicamentos psiquiátricos y sensibilidad individual.

Error común: usarlo sin considerar historial emocional, medicamentos, sueño, ansiedad clínica o sensibilidad personal.

Resumen práctico: una duración más prolongada no siempre significa mayor conveniencia. En compuestos relacionados con calma y ansiedad, la respuesta individual importa mucho.

DSIP

Categoría: sueño / regulación neuroendocrina.

Qué es: péptido asociado con sueño y regulación neuroendocrina en algunos contextos de investigación.

Para qué se investiga o comercializa: sueño, descanso, recuperación nocturna y regulación del ritmo de descanso.

Evidencia disponible: variable y limitada. Los resultados reportados pueden ser inconsistentes y dependen del contexto, formulación y persona.

Estado regulatorio: común en mercados research o wellness. No debe asumirse aprobado para uso humano general.

Presentaciones comunes: puede aparecer como vial liofilizado o spray, según proveedor.

Preparación o reconstitución educativa: no existe una preparación clínica universal estandarizada para productos research. Los cálculos deben entenderse solo como ejemplos educativos.

Ejemplo educativo de concentración: si un vial contiene 5 mg y se mezcla con 2 ml, la concentración sería 2.5 mg/ml. En una jeringa de insulina de 1 ml / 100 unidades, 0.10 ml equivaldrían a 10 unidades y contendrían 0.25 mg, es decir, 250 mcg.

Dosis descritas en estudios: dependen del contexto experimental, formulación y vía. No deben interpretarse como recomendación personalizada.

Duración común reportada: suele mencionarse en períodos cortos dentro de contextos wellness o research, sin una duración clínica universal validada.

Riesgos y precauciones: somnolencia, respuesta inconsistente, fatiga al día siguiente, expectativas exageradas y riesgo de ignorar causas reales de insomnio.

Error común: usarlo sin identificar si el problema de sueño viene de apnea, alcohol, cafeína, dolor, ansiedad, medicamentos, mala higiene de sueño o desregulación hormonal.

Resumen práctico: DSIP puede ser interesante como tema de investigación, pero el sueño requiere evaluación completa. Un compuesto no corrige por sí solo una rutina desordenada, apnea no tratada, estrés crónico o mala higiene de sueño.

Epitalon

Categoría: longevidad / ritmo circadiano / bioregulación.

Qué es: péptido asociado con bioregulación, sueño, ritmo circadiano y envejecimiento saludable en conversaciones research y wellness.

Para qué se investiga o comercializa: longevidad, sueño, ritmo biológico, envejecimiento saludable y regulación circadiana.

Evidencia disponible: variable y dependiente del contexto. Muchas afirmaciones comerciales sobre longevidad pueden ser exageradas si no se explican con prudencia.

Estado regulatorio: común en mercados research o wellness en muchos países. No debe asumirse aprobado para uso humano general.

Presentaciones comunes: puede aparecer como vial liofilizado, spray o cápsulas, según proveedor.

Preparación o reconstitución educativa: la preparación depende de la forma del producto. Un vial, un spray y una cápsula no se interpretan igual.

Ejemplo educativo de concentración: si un vial contiene 10 mg y se mezcla con 2 ml, la concentración sería 5 mg/ml. En una jeringa de insulina de 1 ml / 100 unidades, 0.10 ml equivaldrían a 10 unidades y

contendrían 0.5 mg. Esto solo ilustra un cálculo de concentración.

Dosis descritas en estudios: dependen de la investigación, formulación, vía y contexto. No equivalen a una recomendación general.

Duración común reportada: suele mencionarse en períodos cortos dentro de contextos de bioregulation o wellness, sin una duración clínica universal validada.

Riesgos y precauciones: evidencia variable, expectativas anti-edad exageradas, calidad variable del producto y riesgo de presentarlo como solución garantizada de longevidad.

Error común: venderlo o interpretarlo como una solución de longevidad garantizada.

Resumen práctico: Epitalon es interesante dentro de conversaciones sobre ritmo circadiano, bioregulación y envejecimiento saludable, pero no debe presentarse como un compuesto mágico. La longevidad real depende de sueño, salud metabólica, fuerza, nutrición, inflamación, estrés, relaciones, hábitos y seguimiento médico cuando corresponde.

Puntos clave

- El formato nasal requiere conocer la cantidad por spray.
- La vía de administración cambia completamente la interpretación.
- Sueño y ansiedad tienen muchas causas.
- No todo cansancio necesita estimulación.
- No todo insomnio necesita un péptido.
- Los compuestos cognitivos pueden afectar sueño, ansiedad, irritabilidad o estado de ánimo.
- Los productos research no deben asumirse equivalentes a formulaciones clínicas.
- La salud mental y el sueño requieren especial prudencia.

Resumen práctico del capítulo

Los péptidos cognitivos y de sueño deben analizarse con responsabilidad. Antes de considerar cualquier compuesto, conviene evaluar sueño, estrés, medicamentos, salud mental, apnea, cafeína, alcohol, dolor, rutina nocturna, estado hormonal y estilo de vida. En esta categoría, tapar señales del cuerpo puede ser menos útil que entender por qué aparecen.

Capítulo 26

Fichas de péptidos hormonales y sexuales

Esta categoría incluye péptidos que pueden influir en reproducción, libido, función sexual, eje hormonal o respuesta sexual.

Debe tratarse con especial cuidado porque involucra sistemas sensibles: hormonas, fertilidad, presión arterial, estado emocional, salud vascular, medicamentos y contexto psicológico.

La libido y la función sexual no dependen de una sola señal. Pueden verse afectadas por testosterona, estradiol, progesterona, prolactina, tiroides, cortisol, sueño, estrés, glucosa, presión arterial, medicamentos, salud vascular, relación de pareja, ansiedad, dolor, salud vaginal, inflamación y estado emocional.

Por eso, cualquier compuesto de esta categoría debe analizarse con prudencia.

Kisspeptin

Categoría: eje reproductivo.

Qué es: péptido involucrado en la regulación del eje hipotálamo-hipófisis-gónadas.

Para qué se investiga o comercializa: LH, FSH, función gonadal, testosterona endógena, fertilidad y libido.

Evidencia disponible: existe investigación sobre su papel en el eje reproductivo, pero su uso fuera de contextos clínicos o investigativos debe interpretarse con cautela.

Estado regulatorio: research o experimental en muchos contextos. No debe asumirse aprobado para uso humano general.

Presentaciones comunes: suele encontrarse como vial liofilizado en mercados research.

Preparación o reconstitución educativa: no existe una preparación clínica universal para uso wellness o research. Cualquier cálculo debe entenderse solo como ejemplo educativo de concentración.

Ejemplo educativo de concentración: si un vial contiene 10 mg y se mezcla con 2 ml, la concentración sería 5 mg/ml. En una jeringa de insulina de 1 ml / 100 unidades, 0.10 ml equivaldrían a 10 unidades y

contendrían 0.5 mg, es decir, 500 mcg. Esto es únicamente un ejemplo matemático, no una indicación de uso.

Dosis descritas en estudios: varían ampliamente según protocolo de investigación, vía, objetivo hormonal y población estudiada. No deben interpretarse como recomendación personalizada.

Duración común reportada: depende de estudios, protocolos o reportes específicos. No debe considerarse para uso indefinido sin análisis, seguimiento y supervisión profesional.

Riesgos y precauciones: posible desbalance hormonal, respuesta variable, impacto sobre LH, FSH, estradiol, testosterona, fertilidad y síntomas relacionados con el eje reproductivo.

Error común: considerarlo sin medir LH, FSH, testosterona total y libre, estradiol, prolactina y otros marcadores relevantes según el caso.

Resumen práctico: Kisspeptin es interesante por su relación con el eje reproductivo, pero requiere análisis, contexto y supervisión. No debe tratarse como una herramienta simple para libido o testosterona.

Gonadorelin

Categoría: GnRH / eje hipotálamo-hipófisis-gónadas.

Qué es: forma sintética de la hormona liberadora de gonadotropinas.

Para qué se investiga o comercializa: estimulación de LH y FSH en contextos específicos, evaluación del eje reproductivo y manejo hormonal bajo supervisión profesional.

Evidencia disponible: tiene usos médicos específicos en determinados contextos, pero su interpretación depende mucho de la indicación, frecuencia, vía y supervisión.

Estado regulatorio: puede tener usos médicos específicos. El uso wellness o research depende de la regulación local, producto y supervisión.

Presentaciones comunes: puede encontrarse como producto médico o como vial liofilizado, según el contexto y proveedor.

Preparación o reconstitución educativa: cuando se trata de un producto aprobado o prescrito, la preparación debe seguir la etiqueta oficial y las indicaciones del profesional de salud. En productos research no existe una preparación clínica universal.

Ejemplo educativo de concentración: si un vial research contiene 5 mg y se mezcla con 2 ml, la concentración sería 2.5 mg/ml. En una jeringa de insulina de 1 ml / 100 unidades, 0.10 ml equivaldrían a 10 unidades y contendrían 0.25 mg, es decir, 250 mcg. Esto es solo un ejemplo educativo de conversión.

Dosis descritas en estudios: altamente dependientes de frecuencia pulsátil, indicación, vía, objetivo hormonal y supervisión médica.

Duración común reportada: depende del contexto clínico, diagnóstico, protocolo específico y seguimiento profesional.

Riesgos y precauciones: el patrón de exposición importa mucho. Una señal pulsátil y una señal continua pueden producir efectos distintos. También puede influir en LH, FSH, estradiol, testosterona, fertilidad y síntomas hormonales.

Error común: tratarlo como un simple estimulador hormonal sin entender que el timing, la frecuencia y el contexto endocrino pueden cambiar la respuesta.

Resumen práctico: Gonadorelin no es una herramienta casual. Su análisis requiere comprensión del eje hormonal, laboratorios, objetivo claro y supervisión profesional.

PT-141 / Bremelanotide

Categoría: libido / melanocortina / respuesta sexual.

Qué es: compuesto relacionado con receptores melanocortina y respuesta sexual.

Para qué se investiga o comercializa: deseo sexual, respuesta sexual y libido en contextos específicos.

Evidencia disponible: existe una forma aprobada para indicaciones concretas. Las versiones research o comerciales no deben asumirse equivalentes a productos regulados.

Estado regulatorio: existe una formulación aprobada para indicaciones específicas en mujeres. Las versiones research, wellness o no reguladas no deben asumirse equivalentes en calidad, concentración, seguridad o eficacia.

Presentaciones comunes: la formulación aprobada viene lista para administración según instrucciones oficiales. En mercados research puede aparecer como vial liofilizado, sin equivalencia garantizada.

Preparación o reconstitución educativa: en productos aprobados, debe seguirse la etiqueta oficial y supervisión profesional. En productos research, cualquier cálculo de concentración es solo educativo.

Ejemplo educativo de concentración: si un vial research contiene 10 mg y se mezcla con 2 ml, la concentración sería 5 mg/ml. En una jeringa de insulina de 1 ml / 100 unidades, 0.10 ml equivaldrían a 10 unidades y contendrían 0.5 mg. Esto es solo un ejemplo matemático, no una indicación de uso.

Dosis descritas en estudios: dependen de indicación, producto, formulación, vía y población estudiada. No deben interpretarse como recomendación personalizada.

Duración común reportada: puede describirse como uso situacional o bajo indicación específica, según producto y contexto. No debe presentarse como base diaria general.

Riesgos y precauciones: náusea, flushing, dolor de cabeza, posible aumento de presión arterial, molestias digestivas, respuesta variable y necesidad de cautela en personas con antecedentes cardiovasculares o uso de ciertos medicamentos.

Error común: considerarlo para libido sin evaluar hormonas, estrés, sueño, medicamentos, relación de pareja, ansiedad, salud vascular o causas emocionales.

Resumen práctico: PT-141 / Bremelanotide puede tener un papel situacional en contextos específicos, pero no resuelve todas las causas de baja libido. La función sexual debe evaluarse de forma integral.

Oxytocin

Categoría: vínculo / sexualidad / reproducción / respuesta emocional.

Qué es: péptido natural relacionado con parto, lactancia, vínculo social, respuesta emocional y aspectos de la sexualidad.

Para qué se investiga o comercializa: vínculo, sexualidad, interacción social, respuesta emocional, parto y lactancia, según el contexto.

Evidencia disponible: tiene usos médicos específicos, especialmente en contextos obstétricos. Los usos nasales, wellness o experimentales deben interpretarse con cautela y no asumirse equivalentes.

Estado regulatorio: tiene usos médicos específicos. Las presentaciones nasales, wellness o comerciales varían mucho según país, formulación y proveedor.

Presentaciones comunes: puede encontrarse como producto médico o como spray nasal en mercados wellness o research.

Preparación o reconstitución educativa: en sprays nasales, la concentración debe interpretarse por cantidad por spray. Sin ese dato no puede calcularse la cantidad real.

Ejemplo educativo de concentración: en un spray nasal se necesita saber unidades, mcg o mg por spray.

También puede requerirse conocer el volumen liberado por cada aplicación. Sin esos datos, cualquier cálculo es incompleto.

Dosis descritas en estudios: dependen de vía, indicación, formulación y contexto. No deben interpretarse como recomendación personalizada.

Duración común reportada: uso específico, clínico o experimental, dependiendo del objetivo y supervisión.

Riesgos y precauciones: efectos emocionales variables, respuesta psicológica dependiente del contexto, posibles efectos no siempre positivos, y especial cuidado en embarazo, lactancia, salud mental y situaciones médicas complejas.

Error común: llamarla "péptido del amor" y asumir que siempre mejora conexión, deseo, confianza o relación emocional.

Resumen práctico: Oxytocin depende mucho del contexto. No debe simplificarse como una sustancia que siempre produce conexión positiva o mejora sexual.

Melanotan II

Categoría: melanocortina / pigmentación / libido.

Qué es: péptido relacionado con pigmentación y efectos sexuales reportados en algunos usuarios.

Para qué se investiga o comercializa: bronceado, pigmentación, libido y respuesta sexual en ciertos mercados no aprobados.

Evidencia disponible: debe interpretarse con cautela, especialmente en usos estéticos o recreativos. No debe presentarse como cosmético simple.

Estado regulatorio: común en mercados research o wellness. No debe normalizarse como producto cosmético seguro ni asumirse aprobado para uso humano general.

Presentaciones comunes: suele encontrarse como vial liofilizado en mercados research.

Preparación o reconstitución educativa: no existe una preparación clínica universal estandarizada para uso wellness o research. Los cálculos deben entenderse únicamente como ejemplos educativos.

Ejemplo educativo de concentración: si un vial contiene 10 mg y se mezcla con 2 ml, la concentración sería 5 mg/ml. En una jeringa de insulina de 1 ml / 100 unidades, 0.10 ml equivaldrían a 10 unidades y

contendrían 0.5 mg. Esto solo ilustra concentración, no uso.

Dosis descritas en estudios: no deben interpretarse como recomendación estética, recreativa ni personalizada.

Duración común reportada: variable en mercados no aprobados, sin una duración clínica universal validada.

Riesgos y precauciones: náusea, cambios en lunares, pigmentación irregular, oscurecimiento de manchas, presión arterial, respuesta sexual incómoda, sensibilidad individual y necesidad de evaluación dermatológica cuando existan lesiones o antecedentes relevantes.

Error común: considerarlo solo por bronceado sin evaluar riesgos dermatológicos, cambios en lunares, historial de piel o procedencia del producto.

Resumen práctico: Melanotan II requiere mucha cautela. No debe tratarse como un producto cosmético simple ni como una herramienta recreativa sin riesgos.

Puntos clave

- El eje hormonal requiere análisis.
- La libido es multifactorial.
- La fertilidad no debe manipularse a ciegas.
- La preparación depende del producto real, no del nombre del compuesto.
- Los sprays necesitan información clara sobre cantidad por spray. Algunos compuestos pueden afectar presión arterial, náusea, estado emocional, pigmentación o respuesta sexual.
- El contexto vascular, emocional, hormonal y médico cambia completamente la interpretación. Los productos research no deben asumirse equivalentes a productos aprobados.

Resumen práctico del capítulo

Los péptidos hormonales y sexuales pueden afectar sistemas profundos: eje reproductivo, fertilidad, libido, presión arterial, estado emocional, respuesta sexual y salud vascular. Antes de considerar cualquier intervención, se debe evaluar salud hormonal, medicamentos, estrés, sueño, salud cardiovascular, estado emocional y antecedentes médicos. En esta categoría, actuar sin análisis puede ser más riesgoso que beneficioso.

Capítulo 27

Fichas de péptidos de longevidad e inmunidad

Esta categoría incluye péptidos promocionados para envejecimiento saludable, sistema inmune, inflamación, reparación celular, bioregulación y vitalidad.

La palabra longevidad debe usarse con cuidado.

No todo producto "anti-aging" tiene evidencia fuerte. No todo compuesto que se presenta como bioregulator tiene el mismo respaldo clínico. Y no toda intervención relacionada con inmunidad debe interpretarse como algo positivo para todas las personas.

En longevidad, la pregunta responsable no es solo:

- "¿Puede ayudar?"
- También conviene preguntar:
- ¿Ayudar a qué exactamente?
- ¿Sueño?
- ¿Inflamación?
- ¿Inmunidad?
- ¿Biomarcadores?
- ¿Piel?
- ¿Energía?

- ¿Salud vascular?
- ¿Función cognitiva?
- ¿Calidad de vida?

Sin un objetivo claro, la palabra longevidad se convierte fácilmente en marketing.

Epitalon

Categoría: longevidad / bioregulator / ritmo circadiano.

Qué es: péptido asociado con bioregulación, sueño, ritmo circadiano y envejecimiento saludable en contextos research y wellness.

Para qué se investiga o comercializa: ritmo circadiano, longevidad, sueño, bienestar general, envejecimiento saludable y bioregulación.

Evidencia disponible: variable y dependiente del contexto de investigación. Muchas afirmaciones comerciales sobre longevidad pueden ser exageradas si no se explican con prudencia.

Estado regulatorio: común en mercados research o wellness en muchos países. No debe asumirse aprobado para uso humano general.

Presentaciones comunes: suele aparecer como vial liofilizado, spray o cápsula, según proveedor.

Preparación o reconstitución educativa:

la preparación depende completamente de la forma del producto. Un vial, un spray y una cápsula no se interpretan igual.

Ejemplo educativo de concentración: si un vial contiene 10 mg y se mezcla con 2 ml, la concentración sería 5 mg/ml. En una jeringa de insulina de 1 ml / 100 unidades, 0.10 ml equivaldrían a 10 unidades y contendrían 0.5 mg. Esto es solo un ejemplo matemático, no una indicación de uso.

Dosis descritas en estudios: dependen del contexto de investigación, formulación, vía y población estudiada. No equivalen a una recomendación universal.

Duración común reportada: suele mencionarse en períodos cortos dentro de contextos de bioregulation o wellness, sin una duración clínica universal validada.

Riesgos y precauciones: evidencia variable, calidad del producto, expectativas anti-edad exageradas y riesgo de presentarlo como solución garantizada de rejuvenecimiento.

Error común: usarlo esperando rejuvenecimiento garantizado o asumir que puede sustituir sueño, nutrición, ejercicio y salud metabólica.

Resumen práctico: Epitalon es interesante dentro de conversaciones sobre ritmo circadiano, bioregulación y envejecimiento saludable, pero no es mágico ni esencial para todos. Debe interpretarse con prudencia y dentro de una estrategia más amplia de salud.

Thymalin

Categoría: bioregulator / inmunidad / función tímica.

Qué es: compuesto relacionado con función tímica e inmunomodulación.

Para qué se investiga o comercializa: inmunidad, envejecimiento saludable, recuperación sistémica, bioregulación y soporte inmune.

Evidencia disponible: depende del país, producto y contexto de investigación. No debe generalizarse a todas las formulaciones comerciales disponibles.

Estado regulatorio: depende del país. Es común en mercados de bioregulation, wellness o research.

Presentaciones comunes: puede aparecer como vial liofilizado o formulación específica, según proveedor y mercado.

Preparación o reconstitución educativa: no existe una preparación clínica universal para productos wellness o research. Cualquier cálculo debe entenderse como ejemplo educativo.

Ejemplo educativo de concentración: si un vial contiene 10 mg y se mezcla con 2 ml, la concentración sería 5 mg/ml. En una jeringa de insulina de 1 ml / 100 unidades, 0.10 ml equivaldrían a 10 unidades y contendrían 0.5 mg. Esto solo ilustra concentración.

Dosis descritas en estudios: dependen del producto, país, vía, formulación y contexto. No deben interpretarse como recomendación personalizada.

Duración común reportada: suele mencionarse en ciclos definidos dentro de protocolos de bioregulation, sin que eso represente una regla universal.

Riesgos y precauciones: modulación inmune sin claridad de objetivo, calidad variable, evidencia dependiente del contexto y especial precaución en personas con autoinmunidad, alergias, inflamación crónica o uso de inmunosupresores.

Error común: pensar que "subir defensas" siempre es bueno. El sistema inmune no siempre necesita más estimulación; muchas veces necesita mejor regulación.

Resumen práctico: Thymalin debe verse como un posible modulador, no como un estimulante inmune genérico. Requiere objetivo claro, contexto individual y prudencia.

Thymosin Alpha-1

Categoría: inmunomodulación.

Qué es: péptido relacionado con regulación inmune y respuesta del sistema inmunológico.

Para qué se investiga o comercializa: inmunidad, infecciones, inflamación, recuperación, respuesta inmune y soporte en contextos específicos.

Evidencia disponible: tiene investigación y uso médico en algunos países y contextos. La interpretación depende de la indicación, producto, regulación y supervisión profesional.

Estado regulatorio: tiene uso médico en algunos países y contextos específicos. La regulación varía según país, producto e indicación.

Presentaciones comunes: puede presentarse como vial liofilizado para reconstitución según producto, país y contexto clínico.

Preparación o reconstitución educativa: cuando se trata de un producto médico, debe seguirse la etiqueta oficial y la indicación profesional. En productos research no existe una preparación clínica universal.

Ejemplo educativo de concentración: si un vial contiene 1.6 mg y se mezcla con 1 ml, la concentración sería 1.6 mg/ml. En una jeringa de insulina de 1 ml / 100 unidades, 0.10 ml equivaldrían a 10 unidades y contendrían 0.16 mg, es decir, 160 mcg. Esto solo ilustra un cálculo de concentración.

Dosis descritas en estudios: dependen de indicación, producto, país, vía y supervisión. No deben interpretarse como recomendación personalizada.

Duración común reportada: protocolos clínicos o períodos definidos según contexto, indicación y seguimiento profesional.

Riesgos y precauciones: activación inmune no deseada, respuesta variable, especial precaución en autoinmunidad, enfermedades inflamatorias, infecciones complejas, uso de inmunosupresores o condiciones médicas delicadas.

Error común: considerarlo sin evaluar estado inmune, historial médico, condiciones autoinmunes, medicamentos o marcadores relevantes.

Resumen práctico: Thymosin Alpha-1 es más serio que un producto wellness común. Debe analizarse con criterio, especialmente por su relación con el sistema inmune y su posible uso en contextos médicos específicos.

Pinealon

Categoría: bioregulator / cognición / envejecimiento cerebral.

Qué es: péptido promocionado en algunos mercados por su relación con salud neurológica, cognición y envejecimiento cerebral.

Para qué se investiga o comercializa: cognición, neuroprotección, claridad mental, envejecimiento saludable y bioregulación.

Evidencia disponible: limitada y dependiente del contexto. Las afirmaciones comerciales deben interpretarse con cautela.

Estado regulatorio: research o bioregulator en mercados específicos. No debe asumirse aprobado para uso humano general.

Presentaciones comunes: suele encontrarse como vial o cápsula, según proveedor.

Preparación o reconstitución educativa: la interpretación depende de la forma del producto. Un vial y una cápsula no se calculan ni se absorben de la misma manera.

Ejemplo educativo de concentración: si un vial contiene 20 mg y se mezcla con 2 ml, la concentración sería 10 mg/ml. En una jeringa de insulina de 1 ml / 100 unidades, 0.10 ml equivaldrían a 10 unidades y

contendrían 1 mg. Esto es únicamente un ejemplo educativo.

Dosis descritas en estudios: la evidencia es limitada y dependiente del contexto, formulación y vía. No debe interpretarse como recomendación personalizada.

Duración común reportada: suele mencionarse en ciclos cortos dentro de mercados de bioregulators, sin una duración clínica universal validada.

Riesgos y precauciones: falta de datos clínicos sólidos, expectativas exageradas, calidad variable del producto y riesgo de tratarlo como nootrópico garantizado.

Error común: asumir que mejorará la cognición de forma predecible sin evaluar sueño, estrés, glucosa, medicamentos, nutrición o salud mental.

Resumen práctico: Pinealon es un compuesto de nicho y experimental dentro de las conversaciones sobre bioregulación. Debe analizarse con cautela y no como herramienta principal para salud cerebral.

Vilon

Categoría: bioregulator / inmunidad.

Qué es: péptido pequeño utilizado o promocionado en algunos contextos de bioregulación.

Para qué se investiga o comercializa: inmunidad, envejecimiento saludable, bioregulación y bienestar general.

Evidencia disponible: limitada y dependiente del contexto. No debe asumirse que todos los productos comerciales tienen respaldo clínico sólido.

Estado regulatorio: bioregulator o research según mercado y país.

Presentaciones comunes: puede encontrarse como vial o cápsula, según proveedor.

Preparación o reconstitución educativa: depende completamente de la presentación real del producto. No existe preparación clínica universal para productos research o wellness.

Ejemplo educativo de concentración: si un vial contiene 10 mg y se mezcla con 2 ml, la concentración sería 5 mg/ml. En una jeringa de insulina de 1 ml / 100 unidades, 0.10 ml equivaldrían a 10 unidades y contendrían 0.5 mg. Esto solo ilustra un cálculo.

Dosis descritas en estudios: limitada y dependiente de contexto, formulación y vía. No debe interpretarse como recomendación personalizada.

Duración común reportada: suele mencionarse en ciclos definidos dentro de mercados wellness o bioregulator, sin una duración universal validada.

Riesgos y precauciones: falta de claridad clínica, calidad variable, objetivo poco definido y posible inclusión innecesaria dentro de stacks grandes.

Error común: incluirlo en combinaciones amplias sin objetivo claro, sin marcadores y sin saber qué problema se intenta resolver.

Resumen práctico: Vilon no suele ser prioritario para la mayoría de las personas. Si se analiza, debe hacerse con una pregunta clara: qué objetivo busca, qué evidencia existe y qué aporta frente a bases más importantes.

Vesugen

Categoría: bioregulator / vascular.

Qué es: péptido promocionado para soporte vascular, circulación y envejecimiento saludable.

Para qué se investiga o comercializa: salud vascular, circulación, longevidad, función endotelial y bioregulación.

Evidencia disponible: limitada y dependiente del producto, país y contexto de investigación.

Estado regulatorio: research o bioregulator, según mercado.

Presentaciones comunes: puede encontrarse como cápsula, vial o formulación comercial, según proveedor.

Preparación o reconstitución educativa: depende de la presentación real. No debe asumirse que una cápsula, un vial o una fórmula comercial tienen la misma absorción, concentración o efecto.

Ejemplo educativo de concentración: si un vial contiene 20 mg y se mezcla con 2 ml, la concentración sería 10 mg/ml. En una jeringa de insulina de 1 ml / 100 unidades, 0.10 ml equivaldrían a 10 unidades y contendrían 1 mg. Esto es solo un ejemplo educativo de concentración.

Dosis descritas en estudios: limitada y dependiente del producto, vía, formulación y contexto. No debe interpretarse como recomendación personalizada.

Duración común reportada: ciclos cortos o moderados en mercados de bioregulators, sin una duración clínica universal validada.

Riesgos y precauciones: evidencia limitada, calidad variable, uso sin biomarcadores vasculares, y riesgo de ignorar factores más importantes como presión arterial, lípidos, glucosa, inflamación, tabaco, sueño y actividad física.

Error común: considerarlo para salud vascular sin evaluar presión arterial, colesterol, triglicéridos, glucosa, inflamación, composición corporal o riesgo cardiovascular.

Resumen práctico: Vesugen debe verse como un compuesto de nicho, no como base de salud vascular. La salud cardiovascular requiere fundamentos, mediciones y seguimiento, no solo bioregulators.

Puntos clave

- Longevidad debe definirse con objetivos medibles.
- Inmunidad no significa estimulación constante.

- Los bioregulators varían mucho en evidencia, regulación y calidad. La preparación depende del producto real, no del nombre del compuesto.
- Muchos productos de longevidad tienen más marketing que datos sólidos. El sistema inmune puede necesitar regulación, no mayor estimulación.
- La salud vascular, metabólica e inflamatoria debe medirse, no adivinarse.
- Los productos research no deben asumirse equivalentes a productos clínicos.

Resumen práctico del capítulo

Los péptidos de longevidad e inmunidad deben evaluarse con prudencia. El nombre puede sonar avanzado, pero lo importante es definir el objetivo, revisar evidencia, entender el mecanismo, evaluar riesgos y considerar el contexto individual. La base real de la longevidad sigue siendo masa muscular, sueño profundo, glucosa estable, baja inflamación crónica, salud cardiovascular, nutrición adecuada, movimiento, manejo del estrés y seguimiento profesional cuando corresponde.

Capítulo 28

Fichas de péptidos avanzados/anabólicos

Los péptidos avanzados o anabólicos se relacionan con crecimiento, IGF-1, músculo, recuperación, partición de nutrientes y señalización celular.

Esta categoría no debe tratarse como una herramienta básica de recomposición corporal.

Los compuestos relacionados con IGF-1, hormona de crecimiento y señales anabólicas pueden afectar rutas importantes: glucosa, insulina, apetito, retención de líquidos, tejidos conectivos, recuperación, proliferación celular y marcadores metabólicos.

Por esa razón, requieren más cautela que otras categorías.

Ganar músculo no depende solo de señales de crecimiento. Depende de entrenamiento de fuerza progresivo, proteína suficiente, calorías adecuadas, sueño, sensibilidad a la insulina, salud hormonal, recuperación y consistencia.

Sin esa base, una herramienta avanzada no corrige el problema principal.

IGF-1 LR3

Categoría: IGF-1 / anabolismo avanzado.

Qué es: versión modificada de IGF-1 con vida media más prolongada.

Para qué se investiga o comercializa: crecimiento muscular, recuperación, partición nutricional, señalización anabólica y apoyo en contextos experimentales.

Evidencia disponible: depende del contexto de investigación. No debe asumirse como herramienta aprobada para recomposición corporal o uso general.

Estado regulatorio: research o experimental en contextos no aprobados para uso general. No debe interpretarse como producto wellness simple.

Presentaciones comunes: suele encontrarse como vial liofilizado en mercados research.

Preparación o reconstitución educativa: no existe una preparación clínica universal para productos wellness o research. Cualquier cálculo debe entenderse solo como ejemplo educativo de concentración.

Ejemplo educativo de concentración: si un vial contiene 1 mg y se mezcla con 1 ml, la concentración sería 1 mg/ml, equivalente a 1,000 mcg/ml. En una jeringa de insulina de 1 ml / 100 unidades, 0.01 ml equivaldría a 1 unidad y contendría 10 mcg. Este ejemplo muestra por qué algunas preparaciones muy concentradas pueden ser difíciles de medir con precisión. No constituye una indicación de uso.

Dosis descritas en estudios: dependen de investigación específica, vía, objetivo y contexto experimental. No deben usarse como recomendación personalizada.

Duración común reportada: suele mencionarse en períodos limitados dentro de mercados research, sin una duración clínica universal validada para uso general.

Riesgos y precauciones: hipoglucemia, cambios de apetito, impacto sobre glucosa e insulina, posible influencia sobre crecimiento de tejidos, retención, respuesta variable y necesidad de monitoreo profesional.

Error común: considerarlo sin monitorear glucosa, insulina, IGF-1, composición corporal, historial médico y respuesta individual.

Resumen práctico: IGF-1 LR3 es avanzado y delicado. No es una herramienta de principiante ni una solución básica para ganar músculo. Requiere máxima prudencia, contexto y supervisión profesional.

IGF-1 DES

Categoría: IGF-1 de acción corta.

Qué es: variante de IGF-1 con acción más breve, discutida principalmente en contextos experimentales o research.

Para qué se investiga o comercializa: recuperación, señalización anabólica, crecimiento localizado y rendimiento en contextos no aprobados.

Evidencia disponible: limitada y dependiente del contexto experimental. No debe interpretarse como herramienta validada para uso general.

Estado regulatorio: research o experimental. No debe asumirse aprobado para uso humano general.

Presentaciones comunes: suele encontrarse como vial liofilizado en mercados research.

Preparación o reconstitución educativa: no existe una preparación clínica universal estandarizada. Los cálculos solo sirven para entender concentración y medición.

Ejemplo educativo de concentración: si un vial contiene 1 mg y se mezcla con 1 ml, la concentración sería 1,000 mcg/ml. En una jeringa de insulina de 1 ml / 100 unidades, 0.01 ml equivaldría a 1 unidad y contendría 10 mcg. Esto es únicamente un ejemplo matemático.

Dosis descritas en estudios: altamente dependientes del contexto experimental, vía, objetivo y diseño del estudio. No deben interpretarse como recomendación personalizada.

Duración común reportada: variable y generalmente limitada en contextos research, sin una duración clínica universal validada.

Riesgos y precauciones: hipoglucemia, uso impreciso, poca tolerancia al error, falta de datos sólidos en humanos, calidad variable y riesgo de expectativas exageradas.

Error común: tratarlo como una herramienta localizada simple o fácil de controlar.

Resumen práctico: IGF-1 DES es técnico, experimental y con poco margen para improvisación. Requiere especial cautela por su relación con glucosa, señalización de crecimiento y mediciones pequeñas.

MGF

Categoría: Mechano Growth Factor / señalización muscular.

Qué es: variante relacionada con señales de IGF-1 y reparación muscular.

Para qué se investiga o comercializa: recuperación muscular, reparación, crecimiento, adaptación al entrenamiento y señalización anabólica en contextos experimentales.

Evidencia disponible: limitada y dependiente de investigación preclínica o experimental. No debe asumirse como herramienta clínica de recomposición corporal.

Estado regulatorio: research o experimental. No debe asumirse aprobado para uso humano general.

Presentaciones comunes: suele encontrarse como vial liofilizado en mercados research.

Preparación o reconstitución educativa: no existe una preparación clínica universal estandarizada. Cualquier cálculo debe verse solo como ejemplo de concentración.

Ejemplo educativo de concentración: si un vial contiene 2 mg y se mezcla con 2 ml, la concentración sería 1 mg/ml, equivalente a 1,000 mcg/ml. En una jeringa de insulina de 1 ml / 100 unidades, 0.10 ml equivaldrían a 10 unidades y contendrían 100 mcg. Esto solo ilustra cálculo.

Dosis descritas en estudios: limitada y dependiente del contexto experimental, vía y formulación. No debe interpretarse como recomendación personalizada.

Duración común reportada: suele mencionarse en períodos cortos dentro de mercados research, sin una duración clínica universal validada.

Riesgos y precauciones: incertidumbre clínica, calidad variable, expectativas exageradas, dificultad para medir resultados reales y posible uso sin base adecuada de entrenamiento y nutrición.

Error común: considerarlo sin tener entrenamiento, proteína, calorías, sueño y progresión bien estructurados.

Resumen práctico: MGF es experimental y no prioritario para la mayoría. Antes de pensar en señales avanzadas de crecimiento, debe optimizarse la base.

PEG-MGF

Categoría: MGF modificado / señalización anabólica.

Qué es: versión pegilada de MGF diseñada para tener una duración más prolongada.

Para qué se investiga o comercializa: recuperación, anabolismo, reparación muscular y adaptación al entrenamiento en contextos experimentales.

Evidencia disponible: limitada y no transferible de forma directa a uso general. Debe interpretarse con cautela.

Estado regulatorio: research o experimental. No debe asumirse aprobado para uso humano general.

Presentaciones comunes: suele encontrarse como vial liofilizado en mercados research.

Preparación o reconstitución educativa: no existe una preparación clínica universal para productos research. Los cálculos solo sirven para comprender concentración.

Ejemplo educativo de concentración: si un vial contiene 2 mg y se mezcla con 2 ml, la concentración sería 1 mg/ml. En una jeringa de insulina de 1 ml / 100 unidades, 0.10 ml equivaldrían a 10 unidades y contendrían 100 mcg. Esto es solo un ejemplo educativo.

Dosis descritas en estudios: limitada y no transferible a uso general. Depende de formulación, vía, contexto y diseño experimental.

Duración común reportada: variable en mercados research, sin duración clínica universal validada.

Riesgos y precauciones: incertidumbre clínica, posible inmunogenicidad, falta de datos humanos sólidos, calidad variable y riesgo de asumir que una modificación tecnológica equivale a mayor seguridad.

Error común: pensar que "pegilado" significa automáticamente mejor, más seguro o más efectivo.

Resumen práctico: PEG-MGF es avanzado y de evidencia limitada. No debe verse como una herramienta básica de recuperación ni como sustituto de entrenamiento, nutrición, sueño y manejo adecuado de cargas.

HGH

Categoría: hormona de crecimiento.

Qué es: hormona peptídica utilizada médicamente para indicaciones específicas bajo supervisión profesional.

Para qué se investiga o comercializa: deficiencia de GH, ciertas condiciones médicas, composición corporal, recuperación y envejecimiento en mercados no médicos.

Evidencia disponible: existe evidencia clínica y uso médico para indicaciones específicas. El uso no médico, estético o wellness presenta más riesgo y debe diferenciarse claramente del tratamiento médico indicado.

Estado regulatorio: medicamento controlado para indicaciones específicas. No debe tratarse como producto wellness.

Presentaciones comunes: puede venir como pluma, cartucho o vial, según producto, país y formulación.

Preparación o reconstitución educativa: las presentaciones médicas deben prepararse, conservarse y utilizarse según etiqueta oficial, prescripción y supervisión profesional. No debe improvisarse ni compararse con productos de procedencia incierta.

Dosis descritas en estudios: dependen de indicación médica, edad, biomarcadores, IGF-1, respuesta clínica y supervisión profesional. No deben interpretarse como recomendación general.

Duración común reportada: tratamiento clínico prolongado cuando existe indicación médica y seguimiento. El uso no médico presenta más incertidumbre y riesgo.

Riesgos y precauciones: resistencia a la insulina, edema, túnel carpiano, dolor articular, aumento de IGF-1, cambios en glucosa, retención de líquidos, presión y posibles efectos sobre tejidos sensibles.

Error común: usarla o considerarla como atajo estético sin indicación, sin análisis, sin monitoreo de IGF-1 y sin evaluación médica.

Resumen práctico: HGH no es un producto wellness. Es una hormona con usos médicos específicos y requiere supervisión seria. Su interpretación debe ser clínica, no comercial.

Puntos clave

- Esta categoría afecta señales de crecimiento.
- Glucosa, insulina e IGF-1 importan.
- La medición puede ser difícil cuando las concentraciones son pequeñas o muy potentes.
- No reemplaza entrenamiento, proteína, sueño ni recuperación. No debe verse como primera línea para recomposición corporal.
- La calidad, procedencia y regulación del producto son especialmente importantes. Más señal anabólica no siempre significa mejor resultado. Los riesgos aumentan cuando no hay análisis, seguimiento ni objetivo claro.

Resumen práctico del capítulo

Los péptidos avanzados y anabólicos tienen mayor riesgo, más complejidad y menos margen de error. No son herramientas básicas para ganar músculo ni atajos para recomposición corporal. Primero se optimiza la base: entrenamiento progresivo, proteína, sueño, calorías, salud metabólica, glucosa, hormonas y recuperación. Solo después, y con supervisión profesional, puede evaluarse si una intervención avanzada tiene sentido dentro de un marco responsable.

Capítulo 29

Errores comunes con péptidos

La mayoría de los problemas relacionados con péptidos no ocurre por falta de entusiasmo.

Ocurre por falta de criterio.

En un mercado lleno de nombres atractivos, mezclas avanzadas, promesas rápidas y testimonios llamativos, es fácil pensar que más compuestos significan mejores resultados.

Pero en salud, más no siempre es mejor.

A veces, más significa más confusión, más variables, más riesgo y menos capacidad para entender qué está ocurriendo realmente.

Error 1: usar demasiados compuestos a la vez

Cuando se usan muchos péptidos juntos, es difícil saber qué funciona, qué sobra y qué causa efectos secundarios.

Si aparece insomnio, fatiga, retención, ansiedad, náusea, hambre, dolor de cabeza o cambios en glucosa, puede ser complicado identificar cuál compuesto produjo la respuesta.

Un enfoque responsable suele empezar con menos variables, no con más.

Mientras más grande es el stack, más difícil es interpretarlo.

Error 2: copiar protocolos de internet

Un protocolo puede parecer convincente en redes sociales, foros o videos, pero eso no significa que sea apropiado para todas las personas.

Lo que una persona reporta como beneficioso puede ser innecesario, inadecuado o riesgoso para otra.

El contexto cambia todo:

- Edad.
- Peso.
- Sexo.
- Historial médico.
- Medicamentos.
- Hormonas.
- Glucosa.
- Presión arterial.
- Objetivo.
- Entrenamiento.
- Sueño.
- Calidad del producto.
- Supervisión profesional.

Copiar sin entender es una de las formas más comunes de cometer errores.

Error 3: no hacer análisis

Sin datos, todo es adivinanza.

Dependiendo del compuesto, puede ser importante evaluar glucosa, insulina, hemoglobina A1c, lípidos, función hepática, función renal, presión arterial, hormonas, IGF-1, marcadores inflamatorios u otros parámetros relevantes.

No todos los péptidos requieren los mismos análisis, pero muchos afectan sistemas que no deberían evaluarse solo por sensaciones.

Sentirse bien no siempre significa que todo está bien.

Y sentirse mal no siempre permite identificar la causa sin medición.

Error 4: confundir mg, mcg, ml y unidades

Este error puede cambiar completamente la interpretación de una cantidad.

mg y mcg miden cantidad de sustancia.

ml mide volumen líquido.

Las unidades de una jeringa de insulina indican volumen dentro de la jeringa, no cantidad real de péptido.

Decir "10 unidades" no significa nada completo si no se conoce la concentración.

La pregunta correcta siempre es:

¿10 unidades de qué concentración?

Error 5: confiar solo en el nombre comercial

Glow, Wolverine, Fat Loss, Limitless o Longevity no dicen suficiente.

Un nombre puede sonar atractivo, pero la fórmula real es lo que importa.

Para analizar un blend, hay que revisar:

Ingredientes.

Cantidad de cada ingrediente.

Cantidad total del vial.

Concentración final.

Vía de administración.

Evidencia disponible.

Riesgos.

Calidad y procedencia.

Un producto no se vuelve más serio porque tenga un nombre fuerte.

Se vuelve más claro cuando su etiqueta permite entenderlo.

Error 6: asumir que natural es seguro

Que el cuerpo produzca una señal no significa que manipularla desde fuera sea automáticamente seguro.

El cuerpo regula sus señales con ritmos, pulsos, cantidades específicas y mecanismos de retroalimentación.

Una señal externa puede comportarse de forma diferente según la vía, la cantidad, la duración, la frecuencia, la calidad del producto y el contexto individual.

Natural no significa inofensivo.

Natural no significa necesario.

Natural no significa apropiado para todos.

Error 7: no revisar calidad del producto

La calidad del producto importa.

Pureza, esterilidad, almacenamiento, transporte, estabilidad, procedencia, etiquetado y trazabilidad pueden cambiar completamente el nivel de riesgo.

Un producto mal almacenado, contaminado, degradado, mal dosificado o de procedencia dudosa puede ser un problema aunque el nombre del péptido suene conocido.

En productos research o wellness, este punto es especialmente importante porque la regulación puede variar mucho.

Error 8: usar péptidos para tapar malos hábitos

Un péptido no reemplaza sueño, entrenamiento, proteína, control de estrés, hidratación, salud digestiva, exposición a luz natural ni salud metabólica.

Si una persona duerme poco, come mal, no entrena fuerza, vive con estrés constante y no mide sus marcadores, agregar compuestos puede complicar más el panorama.

Las herramientas avanzadas no deben usarse para evitar corregir la base.

La base sigue siendo la base.

Error 9: no tener objetivo claro

Usar algo "por si acaso" suele llevar a stacks caros, redundantes y difíciles de controlar.

Antes de considerar cualquier compuesto, conviene preguntar:

¿Qué problema específico se intenta entender?

¿Qué señal modifica este compuesto?

¿Qué evidencia existe?

¿Qué marcador se puede medir?

¿Qué riesgo podría tener?

¿Qué alternativa más simple existe?

Si no hay una respuesta clara, probablemente el compuesto no debería estar en la conversación todavía.

Error 10: no saber cuándo detenerse

Efectos secundarios, cambios negativos o falta de beneficio deben tomarse en serio.

No tiene sentido continuar algo solo porque forma parte de un calendario, un ciclo o una recomendación tomada de internet.

La reevaluación es parte de la seguridad.

Si no hay beneficio medible, si aparecen efectos no deseados, si los análisis empeoran o si el objetivo ya no tiene sentido, detenerse puede ser la decisión más responsable.

En salud, insistir sin criterio no es disciplina.

Es riesgo.

Puntos clave

Más no siempre es mejor.

Copiar protocolos puede ser riesgoso.

Medir reduce errores.

La calidad del producto importa.

Un objetivo claro evita stacks innecesarios.

Las unidades no tienen significado real sin concentración.

Los blends deben analizarse por fórmula, no por nombre.

La reevaluación es más importante que seguir un calendario rígido.

Error común

Creer que un stack más grande es automáticamente más avanzado, más efectivo o más profesional.

Resumen práctico

El enfoque responsable empieza con simplicidad, análisis, objetivo claro y seguimiento. Si no se puede explicar qué problema busca resolver un péptido, qué señal modifica, qué evidencia existe y qué riesgo puede tener, probablemente no debería estar en el stack. En esta área, el criterio vale más que la cantidad de compuestos.

Capítulo 30

Riesgos metabólicos, hormonales e inmunológicos

Los péptidos pueden influir en sistemas importantes del cuerpo.

Por eso no deben evaluarse solo por sus posibles beneficios. También hay que considerar riesgos, contexto individual, calidad del producto, estado regulatorio y necesidad de seguimiento profesional.

Una señal biológica puede parecer útil para un objetivo específico, pero también puede afectar otras rutas. El metabolismo, las hormonas, el sistema inmune, el sueño, el apetito, la presión arterial y el estado de ánimo no trabajan de forma aislada.

Todo está conectado.

Riesgos metabólicos

Algunos péptidos pueden influir en apetito, saciedad, glucosa, insulina, digestión, peso corporal, grasa visceral y composición corporal.

Esto puede ser relevante en compuestos relacionados con GLP-1, GIP, glucagón, hormona de crecimiento, IGF-1 o pérdida de grasa.

- Posibles señales de alerta:
- Náusea intensa.
- Vómitos persistentes.
- Estreñimiento severo.
- Diarrea persistente.
- Fatiga extrema.
- Mareos.
- Hipoglucemia.
- Pérdida rápida de peso.
- Pérdida de fuerza.
- Baja ingesta de proteína.
- Deshidratación.
- Reducción excesiva del apetito.
- Dificultad para entrenar o recuperarse.

Un cambio metabólico no debe evaluarse solo por el peso. Perder peso demasiado rápido, comer muy poco o perder masa muscular puede afectar energía, fuerza, hormonas, piel, sueño y salud metabólica.

La meta responsable no es simplemente bajar de peso.

La meta es mejorar composición corporal y salud metabólica sin sacrificar músculo, nutrición ni bienestar general.

Riesgos hormonales

Algunos compuestos pueden influir en GH, IGF-1, LH, FSH, testosterona, estradiol, prolactina, cortisol, tiroides o señales relacionadas con el eje reproductivo.

Estas rutas son sensibles y pueden variar según edad, sexo, historial médico, medicamentos, sueño, estrés, composición corporal y condición metabólica.

Posibles señales de alerta:

- Cambios marcados de libido.
- Retención de líquidos.
- Sensibilidad mamaria.
- Cambios de ánimo.
- Irritabilidad.
- Ansiedad.
- Dolores articulares.
- Alteraciones del sueño.
- Acné.
- Fatiga persistente.
- Cambios menstruales.
- Cambios en presión arterial.
- Aumento inusual del apetito.
- Síntomas relacionados con prolactina, estradiol o testosterona.

En esta categoría, los análisis de laboratorio pueden ser especialmente importantes. Sentirse diferente no siempre permite saber qué eje está cambiando ni si el cambio es favorable, excesivo o innecesario.

Manipular señales hormonales sin medición puede llevar a confusión.

Y corregir un síntoma sin entender la causa puede crear otro problema.

Riesgos inmunológicos

Algunos péptidos se relacionan con inflamación, inmunidad, reparación, cicatrización o modulación del sistema inmune.

Esto requiere prudencia porque el sistema inmune no siempre necesita más estimulación. En muchas personas, especialmente con autoinmunidad, alergias, inflamación crónica o condiciones complejas, el objetivo no debería ser "subir defensas", sino mejorar regulación.

- Posibles señales de alerta:
- Reacciones alérgicas.
- Inflamación inusual.
- Empeoramiento de síntomas autoinmunes.
- Fiebre.
- Dolor persistente en el sitio de aplicación.
- Enrojecimiento significativo.
- Calor local.

- Secreción.
- Signos de infección.
- Dolor que empeora en lugar de mejorar.
- Síntomas sistémicos inesperados.

La inflamación no siempre debe apagarse sin criterio. Es parte de defensa, reparación y adaptación. El problema aparece cuando es excesiva, persistente o mal regulada.

Por eso, cualquier compuesto relacionado con inmunidad o inflamación debe analizarse con especial cuidado.

Riesgos por calidad del producto

Un producto contaminado, mal dosificado, degradado, mal almacenado o de procedencia dudosa puede ser más peligroso que la molécula en sí.

La calidad importa.

También importan la pureza, esterilidad, estabilidad, transporte, cadena de frío cuando aplique, fecha de reconstitución, etiquetado, trazabilidad y condiciones de almacenamiento.

En productos research o wellness, este punto es especialmente importante porque la regulación puede variar mucho.

Un nombre conocido no garantiza un producto confiable.

Una etiqueta atractiva no garantiza pureza.

Una recomendación popular no garantiza seguridad.

Cuándo buscar orientación profesional

Cualquier síntoma intenso, persistente o inesperado debe tomarse en serio.

También conviene buscar orientación profesional si hay antecedentes de diabetes, hipoglucemia, enfermedad cardiovascular, hipertensión, enfermedad renal, enfermedad hepática, cáncer, trastornos hormonales, autoinmunidad, embarazo, lactancia, uso de medicamentos psiquiátricos, anticoagulantes, inmunosupresores u otros tratamientos médicos importantes.

En personas con condiciones médicas previas, el margen para improvisar es menor.

Puntos clave

- Los riesgos dependen del compuesto, la vía, la dosis descrita, la duración, la calidad del producto y el contexto individual.

- Metabolismo, hormonas e inmunidad están conectados.
- La calidad del producto es crítica.
- Los síntomas deben tomarse en serio.
- Los biomarcadores ayudan a detectar problemas temprano.
- Más beneficios potenciales no eliminan la posibilidad de efectos secundarios.
- Un producto research no debe asumirse equivalente a un medicamento aprobado.
- La reevaluación es parte de la seguridad.

Error común

Evaluar un péptido solo por sus posibles beneficios y no por sus riesgos, límites, evidencia, calidad, regulación y contexto individual.

Resumen práctico

Toda herramienta biológica puede tener efectos secundarios. La seguridad requiere análisis, observación, producto confiable, contexto clínico y disposición a detenerse o reevaluar si algo no va bien. En péptidos, el criterio responsable no consiste solo en saber qué puede hacer un compuesto, sino también en saber qué podría alterar.

Capítulo 31

Análisis de laboratorio útiles

Los análisis no son para complicar el proceso.

Son para dejar de adivinar.

No todas las personas necesitan todos los análisis, y no todos los compuestos requieren el mismo nivel de seguimiento. Sin embargo, cuanto más potente sea el compuesto, más complejo sea el stack o más sensible sea el sistema que puede modificar, más importante es medir.

Los laboratorios ayudan a entender el terreno antes de intervenir sobre señales biológicas.

También ayudan a detectar cambios que no siempre se sienten de inmediato.

Una persona puede sentirse bien y aun así tener glucosa alterada, lípidos elevados, inflamación, baja ferritina, alteraciones hormonales o cambios en función hepática o renal.

Por eso, medir no es exceso de precaución.

Es parte de un enfoque responsable.

Marcadores metabólicos

- Glucosa en ayunas.
- Insulina en ayunas.
- Hemoglobina A1c.
- Perfil lipídico.
- Circunferencia de cintura.
- Presión arterial.

Estos marcadores ayudan a evaluar metabolismo, sensibilidad a la insulina, riesgo cardiovascular, grasa visceral y respuesta a compuestos relacionados con pérdida de grasa, apetito, glucosa o composición corporal.

Son especialmente importantes cuando se habla de compuestos metabólicos, GLP-1, GIP, glucagón, hormona de crecimiento, IGF-1 o estrategias de recomposición corporal.

Marcadores hormonales en hombres

- Testosterona total.
- Testosterona libre.
- SHBG.
- LH.
- FSH.
- Estradiol sensible.
- Prolactina.
- DHEA-S.

Estos marcadores ayudan a entender el eje hormonal antes de considerar cualquier intervención que pueda influir en libido, energía, fertilidad, composición corporal, recuperación, ánimo o función sexual.

Sin estos datos, es fácil confundir síntomas.

La fatiga puede venir de sueño, glucosa, estrés, testosterona, tiroides, deficiencias nutricionales, depresión, inflamación o medicamentos.

Por eso, interpretar el eje hormonal requiere contexto.

Marcadores hormonales en mujeres

- Estradiol.
- Progesterona.
- FSH.
- LH.
- Testosterona total.
- Testosterona libre.
- SHBG.
- Prolactina.
- DHEA-S.

En mujeres, el momento del ciclo menstrual cambia la interpretación de muchos valores.

También cambian la lectura la perimenopausia, la menopausia, el uso de anticonceptivos, terapia hormonal, estrés, sueño, peso corporal, entrenamiento, lactancia y condiciones ginecológicas.

Por eso, los análisis hormonales en mujeres deben interpretarse con especial cuidado y, preferiblemente, con orientación profesional. Un valor aislado puede decir poco si no se conoce el momento del ciclo, los síntomas y el contexto completo.

- **Tiroides**
- TSH.
- T4 libre.
- T3 libre.

Anticuerpos tiroideos, cuando aplique.

La tiroides puede influir en energía, peso, temperatura corporal, ánimo, metabolismo, frecuencia cardíaca, digestión, piel, cabello y tolerancia al frío o al calor.

En algunos casos, una persona puede buscar una herramienta avanzada para fatiga, peso o composición corporal cuando primero necesita evaluar función tiroidea, sueño, nutrición, estrés o deficiencias.

Seguridad general

- Hemograma completo.
- Función hepática.
- Función renal.
- Electrolitos.
- Ferritina.
- Vitamina D.
- Vitamina B12.

PCR ultrasensible, si se busca evaluar inflamación.

Estos marcadores ayudan a revisar el estado general del cuerpo.

La función hepática y renal es importante porque muchos compuestos, medicamentos y procesos metabólicos dependen de estos órganos.

El hemograma puede mostrar señales de anemia, infección, inflamación o alteraciones que requieren atención.

La ferritina, vitamina D y B12 pueden influir en energía, ánimo, recuperación, inmunidad y rendimiento físico.

La PCR ultrasensible puede ser útil cuando se quiere observar inflamación sistémica, aunque siempre debe interpretarse dentro del contexto clínico.

Marcadores relacionados con GH, IGF-1 y anabolismo

- IGF-1.
- Glucosa.
- Insulina.
- Hemoglobina A1c.

Estos marcadores son especialmente importantes cuando se consideran compuestos relacionados con hormona de crecimiento, IGF-1, secretagogos de GH, anabolismo avanzado o recomposición corporal.

Las señales de crecimiento no trabajan aisladas.

Pueden influir en glucosa, insulina, retención de líquidos, recuperación, tejidos, apetito y otros sistemas.

Por eso, en esta categoría, el seguimiento no debería basarse solo en sensaciones o cambios físicos.

Otros datos útiles

Además de los laboratorios, algunos datos simples pueden aportar mucha información:

- Peso corporal.
- Medida de cintura.
- Presión arterial.
- Frecuencia cardíaca en reposo.
- Calidad del sueño.
- Nivel de energía.
- Fuerza en el entrenamiento.
- Digestión.
- Apetito.
- Síntomas nuevos.
- Cambios menstruales, cuando aplique.

Estos datos ayudan a conectar lo que se mide en laboratorio con lo que ocurre en la vida diaria.

Puntos clave

Medir ayuda a tomar mejores decisiones.

Los análisis deben interpretarse en contexto. No todo valor "normal" significa óptimo para una persona específica. Los síntomas y los datos deben combinarse.

Cuanto más avanzado sea el stack, más importante es el seguimiento. No todos necesitan todos los análisis, pero muchos errores se reducen cuando se mide antes de intervenir.Los laboratorios no reemplazan la evaluación profesional, pero ayudan a hacer mejores preguntas.

Error común

Considerar péptidos avanzados sin conocer glucosa, insulina, hormonas, presión arterial, función hepática, función renal o marcadores básicos de salud.

Resumen práctico

Los laboratorios no son un lujo. Son parte de una estrategia responsable. Antes de modificar señales biológicas, conviene saber cómo está el terreno. Medir permite comparar, detectar riesgos, ajustar expectativas y evitar decisiones basadas solo en síntomas, promesas o tendencias.

Capítulo 32

Menos compuestos, más estrategia

En el mundo de los péptidos, es fácil pensar que más significa mejor.

- Más péptidos.
- Más blends.
- Más dosis.
- Más frecuencia.
- Más objetivos al mismo tiempo.

Pero la optimización real no funciona así.

Un stack grande puede parecer avanzado, pero también puede ser más difícil de controlar, más caro, más redundante y más riesgoso.

Mientras más compuestos se agregan, más difícil se vuelve saber qué está funcionando, qué sobra y qué podría estar causando efectos no deseados.

La mejor estrategia suele ser más simple:

- Definir el objetivo.
- Evaluar el punto de partida.
- Corregir la base.
- Elegir pocas herramientas.
- Medir respuesta.
- Ajustar con calma.
- Evitar redundancias.

Reevaluar antes de agregar algo nuevo.

Antes de considerar cualquier péptido, conviene preguntar:

- ¿Qué problema específico se busca mejorar?
- ¿Qué señal modifica este compuesto?
- ¿Ya existe algo en el plan que hace algo parecido?
- ¿Qué evidencia tiene?
- ¿Qué riesgos podría tener?
- ¿Qué análisis deberían revisarse?
- ¿Cómo se sabrá si está funcionando?
- ¿Qué señales indicarían que conviene detenerse o reevaluar?

Si no hay una respuesta clara, probablemente no hace falta agregarlo.

La salud no se optimiza acumulando compuestos.

Se optimiza tomando mejores decisiones.

Un enfoque responsable no busca impresionar. Busca tener sentido, reducir riesgos, medir resultados y respetar la complejidad del cuerpo.

Esto es especialmente importante en blends y stacks grandes. Una combinación puede sonar completa, pero si contiene ingredientes redundantes, dosis poco claras o compuestos sin objetivo definido, puede complicar más de lo que ayuda.

La pregunta no debería ser:

"¿Qué más puedo agregar?"

La pregunta debería ser:

"¿Qué es realmente necesario?"

Muchas veces, la estrategia más inteligente no consiste en sumar otro compuesto, sino en mejorar sueño, proteína, entrenamiento, glucosa, estrés, hidratación, digestión, descanso o adherencia.

Lo básico no es inferior. Lo básico es la base sobre la que cualquier herramienta avanzada debería evaluarse.

Puntos clave

- Más compuestos no siempre dan más resultados.
- La simplicidad facilita medir respuesta.
- Un objetivo claro evita redundancias.
- La base sigue siendo sueño, nutrición, entrenamiento, salud metabólica y recuperación.
- La estrategia es más importante que la moda.
- Un stack grande puede dificultar la identificación de beneficios o efectos secundarios.

- Cada compuesto debe tener una razón clara para estar en el plan.
- La reevaluación es parte de la seguridad.

Error común

Construir un stack para sentirse avanzado, no porque cada compuesto tenga una función clara, medible y justificable.

Resumen práctico

La regla final de esta guía es simple: menos compuestos, más estrategia. El mejor enfoque no es el más largo ni el más complejo. Es el que tiene sentido, puede medirse, evita redundancias y respeta la seguridad del cuerpo. En salud, la verdadera inteligencia no está en agregar más, sino en saber qué merece estar y qué es mejor dejar fuera.

TABLAS RÁPIDAS DE CONSULTA

Las siguientes tablas tienen fines exclusivamente educativos. Su propósito es ayudar al lector a interpretar conceptos de concentración, volumen, conversión, blends comerciales, tiempos de uso reportados y criterios de reevaluación. No constituyen instrucciones de uso, preparación personalizada, prescripción médica ni recomendación terapéutica. Deben leerse como herramientas visuales de apoyo para comprender mejor la información explicada en los capítulos anteriores.

Tabla 1A. Preparaciones educativas por péptido — Metabólicos

Tabla 1B. Preparaciones educativas por péptido — GH y secretagogos

Tabla 1C. Preparaciones educativas por péptido — Reparación y recuperación

Tabla 1D. Preparaciones educativas por péptido — Cognitivos y sueño

Tabla 1E. Preparaciones educativas por péptido — Hormonales, longevidad e inmunidad

Tabla 1F. Preparaciones educativas por péptido — Avanzados / anabólicos

Tabla 2. Blends comerciales y preparación educativa

Tabla 3. Tiempo de uso descrito y descanso o reevaluación

Tabla 4. Conversiones rápidas y medidas en jeringa de insulina

Tabla 1A

Preparaciones educativas por péptido – Metabólicos

Ejemplos educativos de concentración. No constituyen recomendación de uso.

Péptido	Ejemplo de vial / presentación	Ejemplo educativo de reconstitución	Concentración resultante	Equivalencia educativa o nota
Semaglutide	pluma aprobada	no aplica por usuario	depende del producto	revisar etiqueta oficial
Tirzepatide	pluma aprobada	no aplica por usuario	depende del producto	no asumir equivalencia
Retatrutide	15 mg	15 mg + 2 ml	7.5 mg/ml	0.10 ml = 0.75 mg
Cagrilintide	según producto	no universal	variable	depende de la formulación
Tesamorelin	producto médico	seguir etiqueta oficial	variable	no improvisar
AOD-9604	5 mg	5 mg + 2 ml	2.5 mg/ml	0.10 ml = 250 mcg
HGH Fragment 176-191	5 mg	5 mg + 2 ml	2.5 mg/ml	0.10 ml = 250 mcg

Nota educativa: en plumas o formulaciones aprobadas, la preparación por el usuario puede no aplicar. No asumir equivalencia con versiones compuestas o research.

Tabla 1B

Preparaciones educativas por péptido – GH y secretagogos

Ejemplos educativos de concentración. No constituyen recomendación de uso.

Péptido	Ejemplo de vial / presentación	Ejemplo educativo de reconstitución	Concentración resultante	Equivalencia educativa o nota
CJC-1295 No DAC	10 mg	10 mg + 5 ml	2 mg/ml	0.10 ml = 200 mcg
CJC-1295 DAC	5 mg	5 mg + 2 ml	2.5 mg/ml	0.10 ml = 250 mcg
Ipamorelin	10 mg	10 mg + 5 ml	2 mg/ml	0.10 ml = 200 mcg
Sermorelin	5 mg	5 mg + 2 ml	2.5 mg/ml	0.10 ml = 250 mcg
GHRP-2	5 mg	5 mg + 2 ml	2.5 mg/ml	0.10 ml = 250 mcg
GHRP-6	5 mg	5 mg + 2 ml	2.5 mg/ml	0.10 ml = 250 mcg
Hexarelin	5 mg	5 mg + 2 ml	2.5 mg/ml	0.10 ml = 250 mcg

Nota educativa: estos cálculos solo ilustran concentración y volumen. La respuesta real depende del producto, la regulación y el contexto.

Todos los valores son ejemplos educativos para entender cálculos de concentración y volumen.

Tabla 1C

Preparaciones educativas por péptido – Reparación y recuperación

Ejemplos educativos de concentración. No constituyen recomendación de uso.

Péptido	Ejemplo de vial / presentación	Ejemplo educativo de reconstitución	Concentración resultante	Equivalencia educativa o nota
BPC-157	5 mg	5 mg + 2 ml	2.5 mg/ml	0.10 ml = 250 mcg
TB-500	10 mg	10 mg + 2 ml	5 mg/ml	0.10 ml = 0.5 mg
GHK-Cu	50 mg	50 mg + 5 ml	10 mg/ml	0.10 ml = 1 mg
KPV	5 mg	5 mg + 2 ml	2.5 mg/ml	0.10 ml = 250 mcg
Thymosin Alpha-1	1.6 mg	1.6 mg + 1 ml	1.6 mg/ml	0.10 ml = 160 mcg

Recordatorio: menos dolor no equivale a tejido completamente reparado. La rehabilitación y el manejo de carga siguen siendo centrales.

Todos los valores son ejemplos educativos para entender cálculos de concentración y volumen.

Tabla 1D

Preparaciones educativas por péptido – Cognitivos y sueño

Ejemplos educativos de concentración. No constituyen recomendación de uso.

Péptido	Ejemplo de vial / presentación	Ejemplo educativo de reconstitución	Concentración resultante	Equivalencia educativa o nota
Semax	spray 10 mg / 10 ml	depende del volumen por spray	1 mg/ml	calcular mg por spray
Selank	spray 10 mg / 10 ml	depende del volumen por spray	1 mg/ml	calcular mg por spray
NA-Semax Amidate	spray 20 mg / 10 ml	depende del volumen por spray	2 mg/ml	verificar mg por spray
NA-Selank Amidate	10 mg	10 mg + 2 ml	5 mg/ml	la equivalencia depende de la vía
DSIP	5 mg	5 mg + 2 ml	2.5 mg/ml	0.10 ml = 250 mcg
Epitalon	10 mg	10 mg + 2 ml	5 mg/ml	0.10 ml = 0.5 mg

Nota educativa: en formatos nasales, la cantidad real depende de los mg totales, los ml del frasco y el volumen liberado por spray.

Tabla 1E

Preparaciones educativas por péptido – Hormonales, longevidad e inmunidad

Ejemplos educativos de concentración. No constituyen recomendación de uso.

Péptido	Ejemplo de vial / presentación	Ejemplo educativo de reconstitución	Concentración resultante	Equivalencia educativa o nota
Kisspeptin	10 mg	10 mg + 2 ml	5 mg/ml	0.10 ml = 500 mcg
Gonadorelin	5 mg	5 mg + 2 ml	2.5 mg/ml	0.10 ml = 250 mcg
PT-141 / Bremelanotide	10 mg	10 mg + 2 ml	5 mg/ml	0.10 ml = 0.5 mg
Oxytocin	spray nasal	revisar unidades o mcg por spray	variable	verificar etiqueta
Melanotan II	10 mg	10 mg + 2 ml	5 mg/ml	0.10 ml = 0.5 mg
Thymalin	10 mg	10 mg + 2 ml	5 mg/ml	0.10 ml = 0.5 mg
Pinealon	20 mg	20 mg + 2 ml	10 mg/ml	0.10 ml = 1 mg
Vilon	10 mg	10 mg + 2 ml	5 mg/ml	0.10 ml = 0.5 mg
Vesugen	20 mg	20 mg + 2 ml	10 mg/ml	0.10 ml = 1 mg

Nota educativa: la longevidad y la inmunidad no deben reducirse a marketing. La evidencia, la regulación y el contexto individual importan.

Tabla 1F

Preparaciones educativas por péptido – Avanzados / anabólicos

Ejemplos educativos de concentración. No constituyen recomendación de uso.

Péptido	Ejemplo de vial / presentación	Ejemplo educativo de reconstitución	Concentración resultante	Equivalencia educativa o nota
IGF-1 LR3	1 mg	1 mg + 1 ml	1,000 mcg/ml	0.01 ml = 10 mcg
IGF-1 DES	1 mg	1 mg + 1 ml	1,000 mcg/ml	0.01 ml = 10 mcg
MGF	2 mg	2 mg + 2 ml	1,000 mcg/ml	0.10 ml = 100 mcg
PEG-MGF	2 mg	2 mg + 2 ml	1,000 mcg/ml	0.10 ml = 100 mcg
HGH	producto médico	seguir etiqueta oficial	depende del producto	no improvisar

Advertencia educativa: en concentraciones pequeñas, la medición puede ser más delicada. Glucosa, insulina e IGF-1 requieren especial atención.

Tabla 2

Blends comerciales y preparación educativa

El nombre comercial no sustituye la revisión de ingredientes y cantidades.

Nombre comercial frecuente	Suele incluir	Qué revisar	Observación responsable
Glow	GHK-Cu, glutatión, BPC-157 u otros	mg por ingrediente, vía, concentración	El nombre no garantiza fórmula estándar
Klow	GHK-Cu, reparación o antiinflamación	ingredientes exactos y cantidad por ingrediente	Puede variar mucho según proveedor
Wolverine	BPC-157 + TB-500 con frecuencia	concentración total y mg de cada uno	Popular para recuperación, pero no sustituye rehabilitación
Limitless	Semax, Selank o variantes amidate	cantidad real por spray o por ml	En cognición y enfoque, la fórmula cambia mucho
Sleep Blend	DSIP, Selank, Epitalon u otros	vía, concentración y causa del problema de sueño	No todo insomnio necesita un péptido
Fat Loss Blend	AOD-9604, Fragment, CJC-1295, Ipamorelin u otros	si hay compuestos redundantes, tolerancia y objetivo	Perder peso no debe comprometer músculo
Longevity Blend	Epitalon, Thymalin, GHK-Cu, Thymosin Alpha-1 u otros	evidencia, regulación y objetivo real	'Longevidad' es un término amplio y muy usado en marketing

2 Reglas rápidas para analizar un blend

- Revisar ingredientes exactos.
- Revisar cantidad por ingrediente.
- Diferenciar blend total vs. mg de cada compuesto.
- Confirmar concentración final.
- No asumir que dos blends con el mismo nombre son iguales.

Ejemplo educativo: si un vial dice '10 mg blend total' y se mezcla con 2 ml, la concentración es 5 mg/ml del blend total. Eso no significa 5 mg de cada ingrediente.

Tabla 3

Tiempo de uso descrito y descanso o reevaluación

Marco educativo. No son ciclos recomendados ni instrucciones de uso.

Tipo de compuesto	Contexto habitual	Tiempo de uso descrito o reportado	Qué vigilar	Enfoque responsable
Metabólicos aprobados	indicación médica específica	uso progresivo y, a veces, prolongado	tolerancia digestiva, proteína, fuerza, glucosa	seguimiento clínico y reevaluación
GH / secretagogos	wellness o research	periodos definidos reportados	IGF-1, sueño, glucosa, retención	reevaluar antes de prolongar
Reparación	lesión o recuperación	periodos cortos o moderados reportados	dolor, función, carga, progreso	no confundir alivio con curación completa
Cognitivos y sueño	estrés, enfoque o descanso	periodos cortos reportados	ansiedad, insomnio, somnolencia, causa real del problema	no tapar la causa
Hormonales y sexuales	objetivo hormonal o respuesta sexual	uso situacional o protocolos específicos	hormonas, presión arterial, síntomas, contexto emocional	especial cautela y supervisión
Longevidad e inmunidad	bioregulators o wellness	ciclos cortos reportados	objetivo real, contexto inmune, inflamación	reevaluación y prudencia
Avanzados / anabólicos	contextos experimentales	periodos limitados reportados	glucosa, insulina, IGF-1, efectos adversos	máxima prudencia

Tres ideas clave

- **Descanso:** dejar de usar un compuesto por un tiempo.
- **Pausa:** detener temporalmente para observar respuesta o tolerancia.
- **Reevaluación:** revisar si tiene sentido continuar, ajustar o suspender.

Si no hay beneficio medible, si aparecen efectos secundarios o si cambian negativamente los análisis, la reevaluación debe pesar más que el calendario.

Tabla 4

Conversiones rápidas y medidas en jeringa de insulina

Uso exclusivamente educativo. No constituye recomendación de uso.

1 Conversión básica

1 mg	= 1,000 mcg
0.5 mg	= 500 mcg
0.25 mg	= 250 mcg
0.1 mg	= 100 mcg
0.05 mg	= 50 mcg

2 Jeringa de insulina 1 ml / 100 unidades

Volumen (ml)	Equivale a
1.00 ml	100 unidades
0.50 ml	50 unidades
0.30 ml	30 unidades
0.25 ml	25 unidades
0.20 ml	20 unidades
0.15 ml	15 unidades
0.10 ml	10 unidades
0.05 ml	5 unidades
0.01 ml	1 unidad

3 Recordatorios clave

- Los mg y mcg miden cantidad de sustancia.
- Los ml miden volumen líquido.
- Las unidades en la jeringa miden volumen, no dosis real.
- La concentración conecta todo: mg totales ÷ ml agregados = mg/ml.
- Sin concentración, las unidades no dicen suficiente.

Ejemplo educativo: si un vial tiene 10 mg y se mezcla con 2 ml, la concentración es 5 mg/ml. Entonces 0.10 ml = 10 unidades = 0.5 mg = 500 mcg.

HERRAMIENTAS PRÁCTICAS

Checklist antes de considerar un péptido

Antes de considerar cualquier péptido, blend, hormona, medicamento metabólico o sustancia de investigación, conviene detenerse y revisar el contexto completo.

Esta checklist no existe para aprobar el uso de un compuesto.

Existe para ayudar al lector a pensar con más claridad antes de tomar decisiones impulsivas, copiar protocolos o dejarse llevar por promesas comerciales.

1. Objetivo claro

Antes de mirar un péptido, la primera pregunta debe ser:

¿Qué problema específico estoy intentando entender o mejorar?

No es lo mismo buscar pérdida de grasa, recuperación de una lesión, mejor sueño, apoyo hormonal, salud de la piel, enfoque mental o longevidad.

Cada objetivo pertenece a una categoría diferente.

Antes de considerar cualquier compuesto, conviene responder:

¿Cuál es el objetivo principal?

¿Ese objetivo se puede medir?

¿Existe una causa identificada?

¿Ya se corrigieron las bases?

¿Hay una alternativa más simple, segura o mejor estudiada?

Si el objetivo no está claro, agregar un péptido puede crear más confusión que beneficio.

2. Evaluar la base

Antes de pensar en herramientas avanzadas, conviene revisar los fundamentos:

- Sueño.
- Nutrición.
- Proteína.
- Entrenamiento de fuerza.
- Hidratación.
- Estrés.
- Glucosa.
- Grasa visceral.
- Salud digestiva.
- Medicamentos actuales.
- Condiciones médicas previas.

Un péptido no debería usarse para tapar una base desordenada.

Si una persona duerme poco, come mal, no entrena fuerza, vive con estrés constante o no mide sus marcadores básicos, el primer paso no debería ser agregar más compuestos.

La base no es algo "básico" porque sea menos importante.

La base es lo que permite interpretar cualquier herramienta avanzada.

3. Identificar la categoría del compuesto

No todos los péptidos pertenecen a la misma categoría.

Antes de evaluar uno, conviene identificar si se relaciona con:

- Metabolismo y pérdida de grasa.
- Hormona de crecimiento e IGF-1.
- Reparación y recuperación.
- Sueño, estrés o cognición.
- Hormonas, libido o fertilidad.
- Longevidad e inmunidad.
- Anabolismo avanzado.

Cada categoría tiene riesgos distintos.

Un compuesto metabólico puede afectar apetito, glucosa o digestión.

Un compuesto relacionado con GH puede afectar IGF-1, retención o glucosa.

Un compuesto hormonal puede afectar libido, fertilidad o estado de ánimo.

Un compuesto inmunológico puede influir en inflamación o autoinmunidad.

La categoría cambia la forma de analizar seguridad.

4. Revisar estado regulatorio

Antes de considerar cualquier producto, conviene preguntar:

¿Es un medicamento aprobado?

¿Está en investigación?

¿Es un producto wellness?

¿Es un producto research?

¿Es un blend comercial?

¿Tiene etiqueta oficial?

¿Tiene indicación médica específica?

¿Está regulado en mi país?

Que algo esté disponible no significa que esté aprobado.

Que algo sea popular no significa que esté bien estudiado.

Que algo se venda en una clínica no significa que sea adecuado para todas las personas.

El estado regulatorio importa porque cambia la calidad esperada, la evidencia disponible, el seguimiento necesario y el nivel de riesgo.

5. Revisar evidencia disponible

Una pregunta responsable no es solo:

¿Funciona?

También conviene preguntar:

¿Para qué se ha estudiado?

¿En humanos o en animales?

¿En qué población?

¿Durante cuánto tiempo?

¿Con qué vía de administración?

¿Con qué formulación?

¿Con qué controles de calidad?

¿Los resultados aplican al producto comercial que estoy viendo?

La evidencia de un compuesto no siempre valida cualquier producto vendido con ese nombre.

Un medicamento aprobado, un vial research y un blend comercial pueden tener diferencias importantes aunque usen nombres parecidos.

6. Revisar calidad y procedencia

La calidad del producto es parte de la seguridad.

Conviene revisar:

- Proveedor.
- Etiqueta.
- Lote.
- Fecha de vencimiento.
- Condiciones de almacenamiento.
- Cadena de frío, si aplica.
- Certificados de análisis, cuando existan.
- Pureza declarada.
- Esterilidad, si corresponde.
- Información completa de concentración.

Un producto contaminado, degradado, mal almacenado o mal dosificado puede representar más riesgo que la molécula en sí.

Una etiqueta bonita no garantiza calidad.

Un nombre conocido no garantiza seguridad.

7. Revisar análisis de laboratorio

No todas las personas necesitan todos los análisis, pero cuanto más potente o complejo sea el compuesto, más importante es medir.

Según la categoría, pueden ser útiles:

- Glucosa en ayunas.
- Insulina en ayunas.
- Hemoglobina A1c.
- Perfil lipídico.
- Presión arterial.
- Función hepática.
- Función renal.
- Hemograma completo.
- IGF-1.
- Testosterona total y libre.
- Estradiol.
- LH.
- FSH.
- Prolactina.
- TSH, T4 libre y T3 libre.
- PCR ultrasensible, si se busca inflamación.

Medir no complica el proceso. Medir reduce la adivinanza.

8. Revisar medicamentos y condiciones médicas

Antes de considerar cualquier péptido, es importante tomar en cuenta:

- Medicamentos actuales.
- Alergias.
- Diabetes.
- Hipoglucemia.
- Hipertensión.
- Enfermedad cardiovascular.
- Enfermedad renal.
- Enfermedad hepática.
- Autoinmunidad.
- Trastornos hormonales.
- Cáncer o antecedentes relevantes.
- Embarazo.
- Lactancia.
- Uso de anticoagulantes.
- Uso de inmunosupresores.
- Uso de medicamentos psiquiátricos.

El contexto médico puede cambiar completamente el riesgo de un compuesto.

Lo que parece simple para una persona puede ser inapropiado para otra.

9. Definir cómo se medirá la respuesta

Antes de considerar un compuesto, conviene preguntar:

¿Cómo sabré si está funcionando?

¿Qué marcador debería cambiar?

¿Qué síntoma debería mejorar?

¿Qué dato voy a observar?

¿Cuánto tiempo tiene sentido observar antes de reevaluar?

¿Qué sería una señal de que no vale la pena continuar?

Si no se puede medir la respuesta, es fácil confundir expectativa con resultado.

10. Saber cuándo detenerse o reevaluar

Una estrategia responsable debe incluir criterios de pausa.

Conviene reevaluar si aparece:

- Efecto secundario persistente.
- Empeoramiento de síntomas.
- Cambios negativos en laboratorios.

- Pérdida excesiva de peso.
- Pérdida de fuerza.
- Alteración del sueño.
- Ansiedad o irritabilidad.
- Problemas digestivos importantes.
- Retención marcada.
- Dolor inusual.
- Cambios hormonales no esperados.
- Falta de beneficio medible.

No tiene sentido continuar algo solo porque forma parte de un calendario.

El cuerpo debe pesar más que el plan.

Checklist rápida

Antes de considerar un péptido, pregunta:

- ¿Tengo un objetivo claro?
- ¿Ya revisé sueño, nutrición, fuerza y estrés?
- ¿Sé qué categoría pertenece?
- ¿Conozco su estado regulatorio?
- ¿Entiendo la evidencia disponible?
- ¿Revisé calidad y procedencia?
- ¿Sé qué análisis conviene revisar?
- ¿Consideré medicamentos y condiciones médicas?
- ¿Sé cómo medir respuesta?

- ¿Sé cuándo detenerme o reevaluar?

Resumen práctico

Antes de considerar cualquier péptido, el lector debe entender qué problema busca resolver, qué señal se modificaría, qué evidencia existe, qué riesgos podrían aparecer y qué datos deberían medirse. Una decisión responsable no empieza con el compuesto. Empieza con el contexto.

Checklist para analizar un blend

Un blend puede sonar práctico, moderno y completo.

Pero una mezcla no se evalúa por su nombre.

Se evalúa por su fórmula.

Los blends comerciales pueden ser útiles como forma de organizar varios ingredientes, pero también pueden generar confusión: menos control individual, mayor dificultad para ajustar cantidades, más variables y más riesgo de interpretar mal una respuesta.

Esta checklist ayuda a analizar un blend con criterio.

1. Identificar el nombre comercial

El primer dato es el nombre del producto.

Por ejemplo:

- Glow.
- Klow.
- Wolverine.
- Limitless.
- Sleep Blend.
- Fat Loss Blend.
- Longevity Blend.
- Recovery Blend.

Pero el nombre es solo el inicio.

No debe usarse como prueba de calidad, eficacia o seguridad.

Un nombre comercial puede sugerir un objetivo, pero no garantiza una fórmula estándar.

Dos productos llamados "Glow" pueden contener ingredientes diferentes.

Dos productos llamados "Wolverine" pueden tener cantidades distintas.

Dos productos llamados "Fat Loss" pueden actuar por rutas completamente diferentes.

2. Revisar ingredientes exactos

La pregunta principal es:

¿Qué contiene realmente?

Un blend responsable debe listar cada ingrediente.

Si la etiqueta solo dice "mezcla propietaria", "fórmula avanzada" o "blend exclusivo" sin cantidades claras, la interpretación queda limitada.

Conviene revisar:

- Nombre de cada compuesto.
- Forma del ingrediente.
- Cantidad de cada ingrediente.
- Cantidad total del vial o producto.
- Vía de administración.
- Concentración final, cuando aplique.
- Advertencias.
- Condiciones de almacenamiento.

Si no se sabe qué contiene, no se puede analizar con seriedad.

3. Diferenciar cantidad total y cantidad por ingrediente

Este es uno de los errores más comunes.

Un vial puede decir:

10 mg blend total.

Eso no significa que tenga 10 mg de cada ingrediente.

Significa que la suma total de todos los ingredientes puede ser 10 mg.

Por ejemplo, un blend de 10 mg con dos ingredientes podría contener:

5 mg + 5 mg.

O 7 mg + 3 mg.

O 9 mg + 1 mg.

O cualquier otra distribución.

Sin cantidad individual por ingrediente, el control es limitado.

4. Calcular concentración final

Cuando un blend viene en vial liofilizado, la concentración depende de cuántos ml se agreguen.

Ejemplo educativo:

10 mg blend total + 2 ml = 5 mg/ml del blend total.

Eso no significa 5 mg de cada ingrediente por ml.

Significa 5 mg/ml de la mezcla total.

Para interpretar correctamente, se necesita saber:

- Cantidad total del blend.
- Cantidad de cada ingrediente.
- Cantidad de líquido agregado.
- Concentración final.
- Volumen medido.

Equivalencia por ingrediente, si la etiqueta lo permite.

Sin estos datos, cualquier cálculo queda incompleto.

5. Revisar si la combinación tiene lógica

Un blend debe tener una razón clara.

Conviene preguntar:

¿Por qué están combinados estos ingredientes?

¿Trabajan rutas complementarias?

¿Hay redundancia?

¿Uno aumenta riesgos del otro?

¿La combinación tiene evidencia o solo los ingredientes por separado?

¿El objetivo está bien definido?

Una mezcla puede sonar avanzada, pero si no tiene lógica, puede ser solo marketing.

Más ingredientes no siempre significan mejor estrategia.

A veces significan más confusión.

6. Buscar redundancias

Un blend puede contener varios ingredientes que buscan efectos similares.

Eso no siempre es necesario.

Por ejemplo, en algunos blends puede haber varios compuestos relacionados con:

- Apetito.
- GH.
- Sueño.
- Calma.
- Reparación.
- Inflamación.
- Longevidad.

Si varios ingredientes apuntan a lo mismo, conviene preguntar:

¿Hay una razón para combinarlos?

¿Aumenta el beneficio o solo aumenta la complejidad?

¿Será posible saber cuál ingrediente produce el efecto?

¿Será posible saber cuál causa un efecto secundario?

La simplicidad facilita la interpretación.

7. Revisar vía de administración

La vía cambia la interpretación.

No es lo mismo:

- Un spray nasal.
- Una cápsula.
- Una crema.
- Un vial liofilizado.
- Una pluma aprobada.
- Una fórmula sublingual.
- Una presentación tópica.

Cada vía tiene diferencias de absorción, concentración, estabilidad, medición y riesgo.

Un ingrediente tópico no debe interpretarse igual que una versión inyectable.

Un spray nasal no se calcula igual que una jeringa.

Una cápsula no equivale automáticamente a un vial.

8. Revisar evidencia

Puede existir evidencia para ingredientes individuales, pero no para el blend completo.

Esto es muy importante.

Un blend no hereda automáticamente toda la evidencia de cada ingrediente por separado.

- La combinación también importa.
- La cantidad también importa.
- La vía también importa.
- La formulación también importa.
- La calidad también importa.

Si no existe evidencia para la mezcla completa, debe presentarse como una combinación comercial o experimental, no como una estrategia validada.

9. Revisar riesgos

Un blend puede aumentar variables.

Conviene evaluar:

- Riesgos de cada ingrediente.
- Riesgos de la combinación.
- Riesgos de la vía.
- Riesgos por calidad.
- Riesgos por falta de datos.

- Riesgos por redundancia.
- Riesgos según el contexto individual.

Si aparece un efecto secundario, puede ser difícil identificar el ingrediente responsable.

Por eso, mientras más complejo el blend, más importante es la prudencia.

10. Revisar si realmente simplifica o complica

Un blend puede simplificar presentación, pero complicar control.

Antes de considerarlo, conviene preguntar:

- ¿Simplifica de verdad?
- ¿O reduce mi capacidad de ajustar?
- ¿Puedo identificar cantidades?
- ¿Puedo medir respuesta?
- ¿Puedo retirar un ingrediente si causa efectos?
- ¿Hay una opción más simple?
- Un blend útil debe aportar claridad.
- No solo atractivo comercial.

Checklist rápida para analizar un blend

Antes de confiar en un blend, pregunta:

- ¿Cuál es el nombre comercial?
- ¿Qué ingredientes contiene?
- ¿Cuánto contiene de cada ingrediente?
- ¿La cantidad indicada es total o por ingrediente?
- ¿Con cuántos ml se prepara, si aplica?
- ¿Cuál es la concentración final?
- ¿Qué vía de administración tiene?
- ¿La combinación tiene lógica?
- ¿Hay ingredientes redundantes?
- ¿Qué evidencia existe?
- ¿Qué riesgos tiene?
- ¿Está regulado?
- ¿La etiqueta es completa?
- ¿La calidad es verificable?
- ¿Simplifica o complica el objetivo?
-

Resumen práctico

Un blend no se analiza por cómo se llama. Se analiza por lo que contiene, cuánto contiene, cómo se prepara, qué evidencia tiene, qué riesgos presenta y si la combinación realmente tiene sentido. En una guía responsable, la claridad pesa más que el marketing.

Señales de alerta

Las señales de alerta no deben ignorarse.

Un efecto secundario no siempre significa que algo grave está ocurriendo, pero sí significa que el cuerpo está dando información.

En el contexto de péptidos, blends, medicamentos metabólicos, hormonas o sustancias de investigación, cualquier síntoma intenso, persistente o inesperado debe tomarse en serio.

Esta sección no busca generar miedo.

Busca enseñar prudencia.

Señales digestivas

Algunos compuestos metabólicos, especialmente los relacionados con apetito, saciedad, GLP-1, GIP o pérdida de peso, pueden generar síntomas digestivos.

Señales de alerta:

- Náusea intensa.
- Vómitos persistentes.
- Estreñimiento severo.
- Diarrea persistente.
- Dolor abdominal fuerte.
- Reflujo severo.
- Pérdida completa del apetito.

- Dificultad para hidratarse.
- Incapacidad para comer suficiente proteína.
- Fatiga asociada a baja ingesta.

No se debe normalizar una mala nutrición solo porque el peso baja.

Perder peso comiendo muy poco, perdiendo fuerza o deshidratándose no es una estrategia responsable.

Señales metabólicas

Algunos compuestos pueden afectar glucosa, insulina, apetito, energía y composición corporal.

Señales de alerta:

- Mareos.
- Sudor frío.
- Temblor.
- Debilidad extrema.
- Confusión.
- Hipoglucemia.
- Fatiga intensa.
- Pérdida rápida de peso.
- Pérdida notable de fuerza.
- Pérdida de masa muscular.
- Baja tolerancia al entrenamiento.
- Deshidratación.

- Cambios negativos en glucosa o hemoglobina A1c.

La pérdida de grasa debe proteger músculo, nutrición y salud metabólica.

Si el cuerpo se debilita, no es progreso real.

Señales hormonales

Algunos péptidos pueden influir en GH, IGF-1, LH, FSH, testosterona, estradiol, prolactina, cortisol o ejes reproductivos.

Señales de alerta:

- Cambios marcados de libido.
- Pérdida repentina de libido.
- Libido incómodamente elevada.
- Sensibilidad mamaria.
- Retención de líquidos.
- Dolores articulares.
- Acné.
- Irritabilidad.
- Ansiedad.
- Cambios de ánimo.
- Fatiga persistente.
- Alteraciones menstruales.
- Cambios en erección o función sexual.
- Dolores de cabeza inusuales.

- Cambios en presión arterial.

En señales hormonales, sentir algo no basta para entender qué está pasando.

Los síntomas deben interpretarse junto con análisis y contexto clínico.

Señales relacionadas con GH, IGF-1 y anabolismo

Los compuestos relacionados con hormona de crecimiento, IGF-1 o anabolismo avanzado requieren especial cautela.

Señales de alerta:

- Retención marcada.
- Hormigueo en manos.
- Dolor articular.
- Somnolencia excesiva.
- Cambios en glucosa.
- Aumento inusual del apetito.
- Presión elevada.
- Hinchazón.
- Dolor de cabeza.
- Cambios negativos en IGF-1.
- Síntomas de hipoglucemia.

En esta categoría, más señal no siempre significa mejor resultado.

El seguimiento es fundamental.

Señales inmunológicas o inflamatorias

Algunos compuestos se relacionan con inmunidad, inflamación o reparación.

Señales de alerta:

- Fiebre.
- Escalofríos.
- Reacción alérgica.
- Urticaria.
- Inflamación inusual.
- Dolor persistente en zona de aplicación.
- Enrojecimiento significativo.
- Calor local.
- Secreción.
- Empeoramiento de síntomas autoinmunes.
- Dolor que empeora.
- Fatiga sistémica inusual.

El sistema inmune no siempre necesita estimulación.

En personas con autoinmunidad, alergias, inflamación crónica o condiciones complejas, cualquier intervención inmunológica debe analizarse con especial prudencia.

Señales neurológicas, sueño y estado de ánimo

Los compuestos cognitivos, nasales, de sueño o relacionados con estrés pueden afectar el sistema nervioso.

Señales de alerta:

- Insomnio nuevo.
- Ansiedad aumentada.
- Irritabilidad.
- Apatía.
- Somnolencia excesiva.
- Confusión.
- Dolor de cabeza persistente.
- Sensación de sobreestimulación.
- Cambios emocionales inesperados.
- Empeoramiento de síntomas de salud mental.

El sueño y el estado emocional son áreas sensibles. No todo cansancio necesita estimulación.

No toda ansiedad necesita sedación.

Y no todo insomnio se corrige con un compuesto.

Señales dermatológicas

Algunos productos pueden afectar piel, pigmentación, lunares, irritación o reacción local.

Señales de alerta:

- Cambios en lunares.
- Pigmentación irregular.
- Manchas nuevas o que cambian.
- Irritación persistente.
- Inflamación en piel.
- Picazón intensa.
- Reacciones locales fuertes.
- Enrojecimiento que empeora.
- Dolor cutáneo.

En compuestos relacionados con pigmentación o piel, la evaluación dermatológica puede ser importante, especialmente si hay antecedentes de lesiones, lunares cambiantes o cáncer de piel.

Señales por calidad o contaminación

Un producto mal fabricado, contaminado o mal almacenado puede generar riesgos importantes.

Señales de alerta:

- Solución turbia.
- Cambio de color inesperado.

- Partículas visibles.
- Mal olor.
- Vial dañado.
- Falta de etiqueta clara.
- Producto sin lote.
- Producto sin fecha.
- Producto mal almacenado.
- Reacción fuerte e inesperada.
- Dolor, calor o secreción en zona de aplicación.
- La calidad no es un detalle menor.
- Es parte de la seguridad.
-

Cuándo detenerse y buscar ayuda

Conviene detenerse y buscar orientación profesional si aparece:

- Síntoma intenso.
- Síntoma persistente.
- Reacción alérgica.
- Dolor fuerte.
- Dificultad para respirar.
- Fiebre.
- Signos de infección.
- Hipoglucemia.

Presión muy elevada.

Cambios neurológicos.

- Cambios hormonales fuertes.
- Empeoramiento de una condición médica.
- Resultados de laboratorio negativos.
- Falta de beneficio con aumento de riesgos.

Ningún calendario, ciclo o stack debe estar por encima de la seguridad.

Resumen práctico

Las señales de alerta son información del cuerpo. Ignorarlas para completar un protocolo, seguir una tendencia o justificar una compra puede ser peligroso. La decisión responsable no siempre es agregar algo más. Muchas veces es detenerse, medir, reevaluar y buscar orientación profesional.

Combinaciones que requieren especial cautela

Los blends y stacks pueden parecer avanzados, pero también pueden aumentar la complejidad.

Mientras más compuestos se combinan, más difícil se vuelve interpretar beneficios, efectos secundarios, interacciones y riesgos.

Esta sección no busca prohibir combinaciones.

Busca enseñar qué tipos de combinaciones requieren más prudencia, más datos y más supervisión profesional.

1. Varios compuestos que reducen apetito

Combinaciones relacionadas con pérdida de peso, apetito, GLP-1, GIP, amilina o saciedad requieren especial cuidado.

Pueden aumentar el riesgo de:

- Náusea.
- Baja ingesta.
- Deshidratación.
- Estreñimiento.
- Fatiga.
- Pérdida rápida de peso.
- Pérdida de masa muscular.
- Déficit de proteína.
- Mala recuperación.

El problema no es solo perder peso.

El problema es perder peso de una forma que comprometa músculo, nutrición y salud metabólica.

Preguntas útiles:

- ¿La persona está comiendo suficiente proteína?
- ¿Está entrenando fuerza?

- ¿Puede hidratarse bien?
- ¿Hay fatiga o debilidad?
- ¿La pérdida de peso es demasiado rápida?
- ¿Se está midiendo composición corporal?

2. Péptidos metabólicos con compuestos de GH o IGF-1

Combinar herramientas metabólicas con compuestos relacionados con GH, secretagogos o IGF-1 puede requerir más seguimiento.

Estas rutas pueden relacionarse con:

- Glucosa.
- Insulina.
- Apetito.
- Retención.
- IGF-1.
- Composición corporal.
- Recuperación.

La pérdida de grasa y las señales de crecimiento pueden tirar del cuerpo en direcciones diferentes si no se interpretan con cuidado.

Preguntas útiles:

- ¿Cómo está la glucosa?
- ¿Cómo está la insulina?

- ¿Se está midiendo IGF-1?
- ¿Hay retención?
- Hay cambios de apetito?
- ¿Hay pérdida de fuerza?
- ¿Hay objetivo claro?
-

3. Varios secretagogos de GH al mismo tiempo

Combinar demasiados compuestos que buscan estimular señales de hormona de crecimiento puede ser redundante.

Puede aumentar la complejidad y dificultar la interpretación.

Posibles áreas de cuidado:

- IGF-1.
- Retención.
- Somnolencia.
- Hambre.
- Glucosa.
- Dolor articular.
- Desensibilización.
- Prolactina o cortisol, según compuesto.

Más estimulación no siempre significa mejor estrategia.

Preguntas útiles:

- ¿Hay una razón para combinar varios?
- ¿Se está midiendo IGF-1?
- ¿Hay síntomas de exceso?
- ¿El sueño está realmente mejorando?
- ¿La recuperación mejora de forma medible?
- ¿O solo se están acumulando compuestos?
-

4. Compuestos hormonales con otros ejes sensibles

Los péptidos relacionados con fertilidad, libido, GnRH, kisspeptin, oxytocin, melanocortinas o respuesta sexual deben analizarse con cautela.

La función sexual y hormonal puede depender de muchas variables:

- Testosterona.
- Estradiol.
- Progesterona.
- Prolactina.
- LH.
- FSH.
- Tiroides.
- Cortisol.
- Sueño.
- Estrés.

- Medicamentos.
- Salud vascular.
- Relación de pareja.
- Ansiedad.
- Dolor.
- Estado emocional.

Combinar compuestos sexuales u hormonales sin análisis puede confundir más el cuadro.

Preguntas útiles:

- ¿Hay laboratorios hormonales?
- ¿Hay medicamentos que afecten libido?
- ¿Hay problemas vasculares?
- ¿Hay estrés crónico?
- ¿Hay ansiedad o dolor?
- ¿La causa está clara?
-

5. Inmunomoduladores en personas con autoinmunidad o inflamación crónica

Los compuestos relacionados con inmunidad, inflamación o bioregulación deben manejarse con especial prudencia en personas con:

- Autoinmunidad.
- Alergias importantes.
- Inflamación crónica.
- Infecciones activas.

- Uso de inmunosupresores.
- Historial médico complejo.

El sistema inmune no siempre necesita estimulación. A veces necesita regulación.

Y en algunos casos, intervenir sin claridad puede empeorar síntomas o generar respuestas impredecibles.

Preguntas útiles:

- ¿Existe diagnóstico autoinmune?
- ¿Hay inflamación activa?
- ¿Hay medicamentos inmunológicos?
- ¿Hay marcadores inflamatorios?
- ¿Hay supervisión profesional?
- ¿El objetivo es estimular o regular?
-

6. Compuestos cognitivos con ansiedad, insomnio o medicamentos psiquiátricos

Los péptidos asociados con enfoque, estrés, ansiedad, sueño o neuroprotección pueden afectar áreas sensibles del sistema nervioso.

Requieren cautela cuando hay:

- Ansiedad.
- Depresión.
- Insomnio.

- Ataques de pánico.
- Trastorno bipolar.
- Uso de antidepresivos.
- Uso de ansiolíticos.
- Uso de estimulantes.
- Uso de medicamentos para dormir.
- Posibles señales de cuidado:
- Sobreestimulación.
- Insomnio.
- Somnolencia excesiva.
- Irritabilidad.
- Apatía.
- Cambios de ánimo.
- Ansiedad aumentada.

El sistema nervioso no debe tratarse como un interruptor simple.

Preguntas útiles.

- ¿El problema es falta de sueño?
- ¿Hay ansiedad clínica?
- ¿Hay medicamentos psiquiátricos?
- ¿Hay riesgo de sobreestimulación?
- ¿El compuesto puede empeorar el descanso?
- ¿Existe acompañamiento profesional?

7. Péptidos de reparación con retorno prematuro al entrenamiento

Un compuesto relacionado con reparación no reemplaza rehabilitación.

Una combinación de péptidos de recuperación con entrenamiento intenso puede ser problemática si la persona interpreta menos dolor como curación completa.

Riesgos:

- Recaída.
- Sobrecarga.
- Lesión peor.
- Falsa sensación de recuperación.
- Falta de progresión adecuada.

No todo alivio significa tejido reparado.

Preguntas útiles:

- ¿Existe diagnóstico claro?
- ¿Hay fisioterapia?
- ¿La carga está progresando con control?
- ¿La función mejoró o solo bajó el dolor?
- ¿Hay imágenes si son necesarias?
- ¿Se está respetando el tiempo de reparación?

8. Blends grandes con varios objetivos a la vez

Algunos stacks intentan cubrir todo:

- Pérdida de grasa.
- Sueño.
- Recuperación.
- Libido.
- Piel.
- Longevidad.
- Enfoque.
- Inmunidad.
- Músculo.

El problema es que el cuerpo no siempre responde bien a demasiadas señales al mismo tiempo.

Además, si algo mejora o empeora, será difícil saber por qué.

Preguntas útiles:

- ¿Cuál es el objetivo principal?
- ¿Qué se está midiendo?
- ¿Cuáles compuestos son realmente necesarios?
- ¿Hay ingredientes redundantes?
- ¿Se puede simplificar?
- ¿Hay un plan de reevaluación?

Un stack grande no siempre es más avanzado.

A veces solo es más difícil de controlar.

9. Productos research con medicamentos aprobados

Combinar productos research o wellness con medicamentos aprobados puede aumentar riesgos de interacciones, duplicación de efectos o confusión clínica.

Esto es especialmente importante en personas que usan medicamentos para:

- Diabetes.
- Presión arterial.
- Hormonas.
- Tiroides.
- Salud mental.
- Anticoagulación.
- Inmunidad.
- Dolor.
- Fertilidad.

La supervisión profesional es esencial cuando ya existen tratamientos médicos.

Preguntas útiles:

- ¿Hay medicamentos actuales?
- ¿El compuesto puede duplicar un efecto?
- ¿Puede alterar glucosa, presión, sueño o hormonas?
- ¿El médico conoce lo que se está considerando?

- ¿Hay riesgo de interacción?

10. Compuestos avanzados sin base optimizada

Las herramientas avanzadas no deberían aparecer antes de corregir la base.

Esto aplica especialmente a:

- IGF-1.
- MGF.
- PEG-MGF.
- HGH.
- Secretagogos potentes.
- Blends anabólicos.

Antes de pensar en compuestos avanzados, conviene revisar:

- Entrenamiento.
- Proteína.
- Calorías.
- Sueño.
- Glucosa.
- Insulina.
- IGF-1.
- Hormonas.
- Recuperación.
- Consistencia.

Si la base no está en orden, una herramienta avanzada puede ser una mala solución para un problema básico.

Resumen práctico

Las combinaciones que requieren especial cautela son aquellas que afectan sistemas sensibles, repiten mecanismos, mezclan productos research con medicamentos, o intentan modificar demasiadas señales a la vez. La estrategia responsable no busca acumular compuestos. Busca reducir variables, medir respuesta y proteger la seguridad.

Preguntas frecuentes

¿Este libro recomienda usar péptidos?

No.

Este libro tiene fines educativos e informativos. Su objetivo es ayudar al lector a entender qué son los péptidos, cómo se clasifican, cómo se interpretan las etiquetas, qué riesgos pueden existir y qué preguntas conviene hacer antes de tomar decisiones.

No constituye consejo médico, prescripción, diagnóstico ni recomendación personalizada.

¿Una dosis descrita en estudios es una dosis recomendada?

No.

Una dosis descrita en estudios significa que una cantidad fue reportada en literatura científica, ensayos clínicos, etiquetas oficiales, reportes médicos o contextos de investigación.

Eso no significa que sea apropiada para cualquier persona.

Tampoco significa que deba extrapolarse a productos research, blends comerciales o versiones no reguladas.

El contexto importa: producto, vía, población estudiada, indicación, duración, supervisión y calidad farmacéutica.

¿Por qué la guía evita decir "protocolo recomendado"?

Porque esa frase puede sonar como indicación personalizada.

Los péptidos pueden afectar señales biológicas sensibles. Presentar un "protocolo recomendado" para todos sería irresponsable.

Por eso esta guía usa expresiones como:

Dosis descritas en estudios.

Tiempo de uso reportado.

Ejemplo educativo de concentración.

Reevaluación.

Supervisión profesional.

Uso investigado o comercializado.

El objetivo es informar, no prescribir.

¿Qué significa que un péptido sea research?

Significa que suele venderse o presentarse como producto de investigación y no necesariamente como medicamento aprobado para uso humano general.

En muchos casos, estos productos pueden tener calidad, etiquetado, concentración, pureza y regulación variables.

Que algo sea research no significa que sea automáticamente inútil.

Pero sí significa que debe analizarse con cautela.

¿Qué diferencia hay entre medicamento aprobado y producto wellness?

Un medicamento aprobado ha pasado por procesos regulatorios, estudios, controles de calidad, fabricación farmacéutica y etiquetado oficial para indicaciones específicas.

Un producto wellness o comercial puede tener un nombre atractivo y ciertos ingredientes de interés, pero no necesariamente cuenta con el mismo nivel de evidencia, regulación o control.

No deben asumirse equivalentes.

¿Qué significa que un péptido sea natural?

Significa que puede estar relacionado con una señal que el cuerpo produce o reconoce.

Pero natural no significa automáticamente seguro.

El cuerpo regula sus señales con ritmos, pulsos, cantidades específicas y retroalimentación.

Introducir una señal desde fuera puede comportarse de manera diferente.

¿Por qué las unidades de la jeringa no son dosis?

Porque las unidades de una jeringa de insulina miden volumen, no cantidad de sustancia.

En una jeringa de 1 ml / 100 unidades:

0.10 ml = 10 unidades.

Pero eso solo indica volumen.

La cantidad real depende de la concentración.

Por eso, decir "10 unidades" no es suficiente.

La pregunta correcta es:

¿10 unidades de qué concentración?

¿Qué es la concentración?

La concentración indica cuánta sustancia hay por cantidad de líquido.

La fórmula básica es:

Cantidad total del vial ÷ ml agregados = concentración por ml.

Ejemplo educativo:

10 mg ÷ 2 ml = 5 mg/ml.

Eso significa que cada 1 ml contiene 5 mg.

La concentración permite interpretar cuánto contiene cada volumen medido.

¿Agregar más líquido aumenta la cantidad de péptido?

No.

Agregar más líquido solo cambia la concentración.

Si un vial tiene 10 mg, seguirá teniendo 10 mg aunque se agreguen 2 ml, 3 ml o 5 ml.

Lo que cambia es qué tan concentrada o diluida queda la solución.

Más líquido significa una solución más diluida.

Menos líquido significa una solución más concentrada.

¿Por qué los blends pueden ser confusos?

Porque un blend mezcla varios ingredientes en una misma fórmula.

El nombre comercial puede no decir suficiente.

Además, una etiqueta puede indicar "10 mg blend total", pero eso no significa 10 mg de cada ingrediente.

Para analizar un blend se necesita saber:

- Ingredientes exactos.
- Cantidad de cada ingrediente.
- Cantidad total.
- Concentración.
- Vía.
- Evidencia.
- Riesgos.
- Calidad y regulación.

¿Todos los productos llamados Glow o Wolverine son iguales?

No.

Los nombres comerciales no están necesariamente estandarizados.

Un Glow Blend de una marca puede tener una fórmula distinta a otro Glow Blend.

Un Wolverine Blend puede incluir BPC-157 y TB-500, pero las cantidades y calidad pueden variar.

Nunca se debe evaluar un blend solo por el nombre.

¿Los péptidos para pérdida de peso son quemadores de grasa?

No necesariamente.

Algunos compuestos metabólicos actúan sobre apetito, saciedad, glucosa, vaciado gástrico o señales hormonales.

Perder peso no siempre significa perder grasa de forma ideal.

También puede perderse masa muscular si no se cuidan proteína, entrenamiento de fuerza, sueño y recuperación.

La meta responsable es mejorar composición corporal, no solo pesar menos.

¿Qué significa preservar masa muscular?

Significa proteger músculo durante una estrategia de pérdida de grasa.

Esto suele requerir:

- Proteína suficiente.
- Entrenamiento de fuerza.
- Pérdida de peso gradual.
- Sueño adecuado.
- Hidratación.
- Seguimiento de fuerza.
- Medición de composición corporal cuando sea posible.

Perder músculo puede afectar metabolismo, fuerza, longevidad y calidad de vida.

¿Por qué los péptidos de GH requieren monitoreo?

Porque las señales relacionadas con hormona de crecimiento pueden influir en IGF-1, glucosa, retención, sueño, apetito, articulaciones y metabolismo.

Más GH o más IGF-1 no siempre significa mejor salud.

El seguimiento ayuda a evitar excesos, interpretar síntomas y tomar decisiones con más criterio.

¿Los péptidos de reparación curan lesiones?

No deben presentarse así.

Algunos compuestos se investigan o comercializan por su relación con reparación, inflamación o recuperación, pero eso no significa que curen lesiones ni que reemplacen diagnóstico o rehabilitación.

Menos dolor no siempre significa tejido reparado.

La recuperación real necesita tiempo, carga progresiva, nutrición, sueño y, muchas veces, fisioterapia.

¿Los péptidos cognitivos reemplazan tratamiento para ansiedad o depresión?

No.

Compuestos relacionados con enfoque, estrés o calma no deben reemplazar evaluación profesional, terapia, tratamiento médico ni apoyo de salud mental.

La ansiedad, depresión, insomnio y fatiga mental pueden tener múltiples causas.

Tapar síntomas sin entender la causa puede ser poco útil o riesgoso.

¿Los péptidos de longevidad rejuvenecen?

No debe afirmarse eso.

La palabra longevidad se usa mucho en marketing.

Un compuesto puede ser investigado o comercializado por envejecimiento saludable, bioregulación o inmunidad, pero eso no significa que rejuvenezca ni que garantice vivir más.

La longevidad real depende de muchos factores: músculo, sueño, glucosa, presión arterial, inflamación, salud cardiovascular, nutrición, movimiento, estrés y seguimiento médico.

¿Qué análisis son útiles antes de considerar péptidos?

Depende del compuesto y del contexto.

Algunos marcadores útiles pueden incluir:

- Glucosa en ayunas.
- Insulina en ayunas.
- Hemoglobina A1c.
- Perfil lipídico.

- Presión arterial.
- Función hepática.
- Función renal.
- Hemograma completo.
- IGF-1.
- Hormonas sexuales.
- Tiroides.

Marcadores inflamatorios, cuando aplique.

No todos necesitan todos los análisis, pero medir ayuda a reducir errores.

¿Qué hago si aparece un efecto secundario?

Un síntoma intenso, persistente o inesperado debe tomarse en serio.

Conviene detenerse, reevaluar y buscar orientación profesional, especialmente si hay:

- Dificultad para respirar.
- Reacción alérgica.
- Fiebre.
- Signos de infección.
- Hipoglucemia.
- Presión elevada.
- Dolor fuerte.
- Cambios neurológicos.
- Cambios hormonales intensos.

- Empeoramiento de una condición médica.

Ningún calendario o supuesto ciclo debe estar por encima de la seguridad.

¿Más péptidos significan mejores resultados?

No.

Más compuestos pueden significar más variables, más costo, más redundancia y más dificultad para identificar efectos secundarios.

Una estrategia responsable suele ser más simple:

- Objetivo claro.
- Pocas herramientas.
- Medición.
- Reevaluación.
- Corrección de la base.
- Menos compuestos, más estrategia.

¿Cuál es la regla más importante de esta guía?

No mirar un péptido como una solución aislada.

Cada compuesto debe analizarse por:

- Mecanismo.
- Evidencia.

- Estado regulatorio.
- Calidad.
- Vía.
- Riesgos.
- Contexto individual.
- Objetivo.
- Seguimiento.

La pregunta no es solo qué puede hacer un péptido.

La pregunta responsable es si tiene sentido, para quién, bajo qué condiciones, con qué evidencia y con qué nivel de supervisión.

Cierre de preguntas frecuentes

Los péptidos son un tema amplio, interesante y en crecimiento. Pero cuanto más potente es una herramienta biológica, más importante es entenderla con responsabilidad.

La información debe servir para pensar mejor, no para actuar impulsivamente.

En salud, la claridad es una forma de protección.

Conclusión

Los péptidos forman parte de una conversación cada vez más presente en salud, bienestar, longevidad, pérdida de grasa, recuperación, sueño, rendimiento físico, función hormonal e inmunidad.

Pero una conversación popular no siempre es una conversación bien entendida.

Ese es el motivo principal de esta guía.

No para promover el uso de péptidos.

No para presentar protocolos universales.

No para convertir una herramienta biológica en una promesa rápida.

Este libro existe para ordenar información, reducir confusión y ayudar al lector a pensar con más criterio.

A lo largo de estas páginas vimos que un péptido no debe evaluarse solo por su nombre, por una tendencia, por un testimonio o por una promesa comercial. Debe analizarse por su mecanismo, evidencia, estado regulatorio, calidad, vía de administración, concentración, riesgos, contexto individual y necesidad de supervisión profesional.

También vimos que no todos los péptidos pertenecen a la misma categoría.

Un medicamento aprobado no es lo mismo que un compuesto experimental.

Un producto research no es lo mismo que una formulación farmacéutica.

Un blend comercial no es lo mismo que una fórmula estandarizada.

Un nombre atractivo no reemplaza una etiqueta clara.

Y una dosis descrita en estudios no es una recomendación personalizada.

Esa diferencia es fundamental.

En salud, el contexto siempre importa.

Una persona puede buscar pérdida de grasa cuando primero necesita preservar músculo.

Puede buscar energía cuando primero necesita dormir.

Puede buscar libido cuando primero necesita revisar hormonas, estrés, medicamentos o salud vascular.

Puede buscar reparación cuando primero necesita diagnóstico, rehabilitación y manejo adecuado de cargas.

Puede buscar longevidad cuando primero necesita mejorar glucosa, fuerza, presión arterial, inflamación, sueño y hábitos diarios.

Por eso, esta guía insiste en una idea central:

Antes de agregar señales, hay que entender el terreno.

El cuerpo no funciona como una máquina aislada donde cada sustancia produce un solo efecto. El cuerpo trabaja con sistemas conectados: metabolismo, hormonas, sueño, inmunidad, digestión, inflamación, estado emocional, composición corporal y recuperación.

Modificar una señal puede afectar varias rutas.

Por eso, más compuestos no siempre significan mejores resultados.

A veces significan más ruido.

Más variables.

Más dificultad para medir.

Más riesgo de confundir efectos.

Más probabilidad de tapar la causa real del problema.

La verdadera estrategia no consiste en acumular herramientas.

Consiste en saber cuál tiene sentido, cuándo detenerse, qué medir, qué evitar y qué preguntas hacer antes de actuar.

La salud responsable no se construye desde la ansiedad por probarlo todo.

Se construye desde la claridad.

Desde la prudencia.

Desde la medición.

Desde la supervisión adecuada.

Desde la capacidad de reconocer que no todo lo avanzado es necesario, y que no todo lo popular es correcto.

Si este libro cumple su propósito, el lector no terminará pensando que necesita más péptidos.

Terminará pensando mejor.

Entenderá que una preparación educativa no es una instrucción de uso.

Que una tabla de conversión no es una indicación clínica.

Que un blend no se evalúa por cómo se llama, sino por lo que contiene.

Que una señal biológica no debe manipularse sin contexto.

Que la calidad del producto importa.

Que los análisis no son un lujo.

Que los síntomas son información.

Y que la reevaluación puede ser más importante que seguir cualquier calendario.

La meta final no es usar más.

La meta es entender mejor.

Porque en un mercado lleno de promesas rápidas, la claridad es una forma de protección.

Y en salud, la mejor decisión muchas veces no es agregar algo nuevo.

Es detenerse, medir, preguntar mejor y actuar con responsabilidad.

Nota final de responsabilidad

Este libro tiene fines exclusivamente educativos e informativos.

No constituye consejo médico, diagnóstico, tratamiento, prescripción, recomendación terapéutica ni indicación personalizada de uso de ningún péptido, hormona, medicamento, suplemento, producto inyectable, blend comercial, sustancia de investigación o producto wellness.

La información presentada en esta guía busca ayudar al lector a comprender conceptos generales relacionados con péptidos, clasificación, mecanismos, mediciones, reconstitución, concentración, blends, dosis descritas en estudios, tiempos de uso reportados, riesgos, señales de alerta y criterios de seguridad.

Nada de lo expuesto debe interpretarse como una invitación a automedicarse, iniciar un protocolo, modificar un tratamiento, suspender medicamentos, comprar productos no regulados o utilizar sustancias sin supervisión profesional.

Las secciones donde se mencionan ejemplos de preparación, reconstitución, concentración, conversión de unidades o equivalencias educativas tienen únicamente el propósito de explicar cálculos de volumen y concentración.

No son instrucciones de uso.

No son recomendaciones personalizadas.

No son protocolos clínicos.

No sustituyen la etiqueta oficial de un producto aprobado ni la orientación de un profesional cualificado.

Cuando esta guía menciona "dosis descritas en estudios", "tiempos de uso reportados" o "duración común observada", se refiere a información educativa basada en literatura, reportes, etiquetas oficiales, investigación o contextos comerciales descritos. Esa información no debe extrapolarse automáticamente a ninguna persona, producto, blend, versión research o formulación no regulada.

La seguridad de cualquier intervención depende de múltiples factores: estado de salud, edad, sexo, historial médico, medicamentos actuales, embarazo, lactancia, condiciones hormonales, función hepática, función renal, glucosa, presión arterial, salud cardiovascular, autoinmunidad, salud mental, calidad del producto, vía de administración, concentración, duración y supervisión profesional.

Muchos péptidos mencionados en esta obra pueden estar en fase de investigación, no estar aprobados para uso humano general, tener evidencia limitada, variar según regulación local o comercializarse en mercados donde la calidad y trazabilidad pueden ser diferentes a las de un medicamento aprobado.

Que un producto esté disponible no significa que sea seguro.

Que sea popular no significa que esté bien estudiado.

Que sea natural o similar a una señal del cuerpo no significa que sea apropiado para todas las personas.

Que se venda como blend, fórmula premium o producto wellness no garantiza eficacia, pureza, esterilidad, concentración correcta ni regulación adecuada.

Antes de considerar cualquier decisión relacionada con péptidos, hormonas, medicamentos metabólicos, sustancias de investigación o productos inyectables, el lector debe consultar con un profesional de la salud cualificado.

En caso de síntomas intensos, efectos secundarios persistentes, reacciones alérgicas, signos de infección, cambios hormonales importantes, hipoglucemia, presión elevada, dolor fuerte, alteraciones neurológicas, empeoramiento de una condición médica o resultados de laboratorio preocupantes, se debe buscar atención médica.

La responsabilidad final de esta guía es educativa.

Su propósito no es decirle al lector qué usar.

Su propósito es ayudarlo a entender qué debe preguntar, qué debe revisar, qué riesgos debe considerar y cuándo debe detenerse.

En salud, la curiosidad puede ser valiosa.

Pero la prudencia es indispensable.

Glosario

Aminoácido

Unidad básica que el cuerpo utiliza para formar proteínas y muchas moléculas importantes. Los péptidos están formados por cadenas de aminoácidos.

Péptido

Cadena corta de aminoácidos. Algunos péptidos actúan como señales biológicas y participan en procesos como apetito, sueño, inflamación, reparación, metabolismo, fertilidad, inmunidad y comunicación hormonal.

Proteína

Molécula más grande y compleja formada por aminoácidos. Las proteínas pueden cumplir funciones estructurales, enzimáticas, hormonales, inmunológicas y de transporte.

Péptido endógeno

Péptido producido naturalmente dentro del cuerpo. Forma parte de la comunicación biológica interna y suele estar regulado por ritmos, pulsos y mecanismos de retroalimentación.

Péptido exógeno

Péptido introducido desde fuera del cuerpo. Puede encontrarse en diferentes presentaciones, como inyectable, nasal, oral, tópica, sublingual o transdérmica, dependiendo del producto y contexto.

Señal biológica

Mensaje que el cuerpo utiliza para activar, reducir o modular una función. Un péptido puede actuar como señal biológica al influir en células, tejidos, órganos o glándulas.

Reconstitución

Proceso de mezclar un polvo liofilizado con un diluyente apropiado para convertirlo en una solución medible por volumen. Reconstituir no cambia la cantidad total del vial; cambia la concentración.

Polvo liofilizado

Forma seca de un compuesto, obtenida mediante un proceso de deshidratación especial. Muchos péptidos se presentan como polvo liofilizado antes de mezclarse con líquido.

Diluyente

Líquido utilizado para mezclar o reconstituir un compuesto en polvo. El tipo de diluyente depende del producto, formulación, contexto clínico o indicación técnica.

Agua bacteriostática

Agua estéril que contiene un agente bacteriostático, comúnmente usada en ciertos contextos clínicos o técnicos para reconstitución. Su uso depende del producto, indicación y supervisión correspondiente.

Concentración

Cantidad de sustancia presente en un volumen determinado. Suele expresarse como mg/ml o mcg/ml. La concentración permite entender cuánta sustancia hay en cada volumen de líquido.

mg

Abreviatura de miligramo. Es una unidad de cantidad de sustancia.

mcg

Abreviatura de microgramo. Es una unidad más pequeña que el miligramo.

1 mg = 1,000 mcg.

ml

Abreviatura de mililitro. Es una unidad de volumen líquido. El ml no indica por sí solo cuánta sustancia hay; solo indica cuánto líquido hay.

Unidades de jeringa

Marcas de volumen en una jeringa de insulina. En una jeringa de 1 ml / 100 unidades, 1 ml equivale a 100 unidades. Las unidades no indican mg ni mcg; solo indican volumen.

Jeringa de insulina 1 ml / 100 unidades

Jeringa utilizada para medir volúmenes pequeños. En este tipo de jeringa, 0.10 ml equivalen a 10 unidades, 0.05 ml equivalen a 5 unidades y 1 ml equivale a 100 unidades.

Dosis descrita en estudios

Cantidad reportada en literatura científica, ensayos clínicos, etiquetas oficiales, reportes médicos o contextos de investigación. No significa recomendación personalizada ni indicación de uso.

Tiempo de uso reportado

Duración mencionada en estudios, reportes clínicos, etiquetas oficiales o contextos comerciales/wellness. No significa duración ideal para todas las personas.

Descanso

Período en el que se deja de utilizar un compuesto. No todos los compuestos tienen descansos validados clínicamente.

Pausa

Detención temporal para observar respuesta, tolerancia, síntomas o necesidad real de continuar.

Reevaluación

Proceso de revisar si tiene sentido continuar, ajustar, detener o cambiar una estrategia. Puede incluir síntomas, análisis, presión arterial, glucosa, sueño, fuerza, peso, objetivo inicial y efectos secundarios.

Blend

Mezcla de dos o más compuestos en una misma fórmula. Puede comercializarse bajo nombres como Glow, Wolverine, Sleep Blend, Fat Loss Blend, Limitless o Longevity Blend.

Mezcla propietaria

Fórmula que puede indicar ingredientes generales sin detallar cantidades exactas de cada componente. Limita el análisis porque impide conocer la cantidad real de cada ingrediente.

Producto research

Producto presentado o vendido como sustancia de investigación. No debe asumirse como medicamento aprobado ni como producto autorizado para uso humano general.

Producto wellness

Producto comercializado dentro del mercado de bienestar, optimización, estética, longevidad o rendimiento. Puede variar mucho en evidencia, regulación, calidad y etiquetado.

Medicamento aprobado

Producto que ha pasado por procesos regulatorios para indicaciones específicas. Suele contar con etiqueta oficial, controles de fabricación, estudios clínicos y supervisión médica.

Estado regulatorio

Situación legal o médica de un producto según el país, indicación y formulación. Puede ser aprobado, experimental, compuesto, research, wellness o no regulado.

Etiqueta oficial

Información aprobada o autorizada para un medicamento o producto regulado. Incluye indicaciones, forma de uso, advertencias, conservación, concentración y otros datos importantes.

GLP-1

Glucagon-like peptide-1. Señal incretínica relacionada con apetito, saciedad, glucosa, insulina y vaciado gástrico. Algunos medicamentos metabólicos actúan sobre esta ruta.

GIP

Glucose-dependent insulinotropic polypeptide. Señal incretínica relacionada con metabolismo, respuesta a la glucosa e insulina. Algunos medicamentos modernos combinan acción sobre GIP y GLP-1.

Glucagón

Hormona relacionada con regulación de glucosa, metabolismo energético y movilización de reservas. Algunos compuestos metabólicos avanzados investigan su acción combinada con GLP-1 y GIP.

Incretinas

Hormonas intestinales que participan en la regulación de insulina, glucosa, apetito y saciedad después de comer.

Amilina

Hormona relacionada con saciedad, vaciado gástrico y control de glucosa. Algunos compuestos investigados para pérdida de peso actúan sobre rutas asociadas a amilina.

GH

Hormona de crecimiento. Participa en crecimiento, reparación, metabolismo, composición corporal, sueño profundo e IGF-1. Se libera naturalmente en pulsos.

GHRH

Hormona liberadora de hormona de crecimiento. Estimula señales relacionadas con la liberación de GH.

GHRP

Growth Hormone Releasing Peptide. Grupo de péptidos que pueden estimular señales relacionadas con hormona de crecimiento, muchas veces por rutas vinculadas a ghrelina.

Secretagogo

Compuesto que estimula la liberación de una sustancia del cuerpo. En este libro se usa con frecuencia para referirse a compuestos que estimulan liberación de GH.

IGF-1

Insulin-like Growth Factor 1. Factor relacionado con crecimiento, reparación, anabolismo, metabolismo y efectos de GH. Puede influir en tejidos, glucosa e insulina.

Vida media

Tiempo aproximado que tarda la concentración de una sustancia en reducirse a la mitad en el cuerpo. Ayuda a entender duración y exposición, pero no debe interpretarse de forma aislada.

Pulsátil

Liberación en pulsos o picos breves. Muchas señales hormonales, como GH, no se liberan de forma constante, sino en ritmos específicos.

Desensibilización

Reducción de la respuesta del cuerpo ante una señal después de exposición repetida o prolongada. Puede ocurrir en algunos sistemas biológicos.

Lipólisis

Proceso mediante el cual el cuerpo descompone grasa almacenada para liberar ácidos grasos. No equivale automáticamente a pérdida de grasa sostenida.

Grasa visceral

Grasa acumulada alrededor de órganos internos. Se asocia con mayor riesgo metabólico y cardiovascular cuando está elevada.

Recomposición corporal

Cambio en la relación entre grasa y masa muscular. No se trata solo de bajar peso, sino de mejorar composición corporal preservando o aumentando músculo mientras se reduce grasa.

Masa magra

Parte del cuerpo que no corresponde a grasa. Incluye músculo, huesos, agua y otros tejidos. En pérdida de peso, preservar masa magra es importante.

Masa muscular

Tejido muscular del cuerpo. Es importante para fuerza, metabolismo, longevidad, salud ósea, sensibilidad a la insulina y calidad de vida.

Autoinmunidad

Condición en la que el sistema inmune reacciona contra tejidos del propio cuerpo. Cualquier intervención que afecte inmunidad debe evaluarse con especial prudencia en este contexto.

Inmunomodulación

Modulación o regulación de la respuesta inmune. No significa simplemente "subir defensas"; puede implicar equilibrar o ajustar la respuesta del sistema inmune.

Inflamación

Respuesta del cuerpo ante lesión, infección, estrés o daño. Puede ser útil en procesos de defensa y reparación, pero problemática cuando es crónica o excesiva.

Bioregulator

Término usado para algunos péptidos o compuestos promocionados por su posible relación con regulación biológica, envejecimiento saludable, inmunidad o función tisular. La evidencia varía mucho según compuesto y contexto.

Nootrópico

Sustancia o compuesto promocionado por su posible relación con enfoque, memoria, claridad mental o rendimiento cognitivo. No todos los nootrópicos tienen la misma evidencia ni seguridad.

Vía de administración

Forma en que un compuesto entra al cuerpo. Puede ser oral, nasal, inyectable, tópica, sublingual o transdérmica. La vía cambia absorción, duración, interpretación y riesgo.

Spray nasal

Presentación aplicada por vía nasal. Para calcular cantidad real por spray se necesita conocer mg totales, ml totales y volumen liberado por cada aplicación.

Tópico

Producto aplicado sobre la piel, como crema, gel o suero. No debe asumirse equivalente a una presentación inyectable o sistémica.

Sublingual

Vía en la que un producto se coloca debajo de la lengua. La absorción depende de la formulación y del compuesto.

Transdérmico

Vía en la que un compuesto busca atravesar la piel hacia circulación o tejidos. La absorción depende de la formulación.

Marcador de laboratorio

Dato medible en sangre, orina u otra muestra biológica. Ayuda a evaluar metabolismo, hormonas, inflamación, función hepática, función renal o seguridad general.

Hemoglobina A1c

Marcador que refleja el promedio aproximado de glucosa en sangre durante los últimos meses. Es útil para evaluar control glucémico.

Insulina en ayunas

Medición de insulina después de un período de ayuno. Puede ayudar a interpretar sensibilidad a la insulina y estado metabólico.

Perfil lipídico

Grupo de análisis relacionados con colesterol total, LDL, HDL y triglicéridos. Ayuda a evaluar riesgo cardiovascular.

Función hepática

Conjunto de marcadores que ayudan a revisar el estado del hígado. Puede incluir ALT, AST, GGT, bilirrubina y otros parámetros según el caso.

Función renal

Conjunto de marcadores relacionados con riñones. Puede incluir creatinina, BUN, eGFR y electrolitos, dependiendo del laboratorio.

PCR ultrasensible

Proteína C reactiva ultrasensible. Marcador que puede ayudar a evaluar inflamación sistémica de bajo grado, interpretado siempre en contexto.

SHBG

Sex Hormone Binding Globulin. Proteína que se une a hormonas sexuales y ayuda a interpretar testosterona libre y disponibilidad hormonal.

LH

Hormona luteinizante. Participa en el eje reproductivo y en la señalización hacia gónadas.

FSH

Hormona foliculoestimulante. Participa en fertilidad, función ovárica, espermatogénesis y eje reproductivo.

Estradiol

Forma importante de estrógeno. Participa en salud hormonal, fertilidad, hueso, libido, estado de ánimo y otros procesos.

Prolactina

Hormona relacionada con lactancia, función reproductiva y otros procesos. Alteraciones pueden afectar libido, fertilidad y función hormonal.

Cortisol

Hormona relacionada con respuesta al estrés, energía, inflamación, glucosa y ritmos circadianos.

Tiroides

Glándula que regula metabolismo, energía, temperatura, frecuencia cardíaca y otros procesos mediante hormonas tiroideas.

TSH

Hormona estimulante de la tiroides. Se usa para evaluar la señal de la hipófisis hacia la tiroides.

T4 libre

Forma libre de tiroxina, una hormona tiroidea. Ayuda a evaluar función tiroidea.

T3 libre

Forma libre de triyodotironina, una hormona tiroidea activa. Ayuda a interpretar metabolismo y función tiroidea en contexto.

Certificado de análisis

Documento que puede informar pureza, identidad o características de un producto. Su valor depende de la calidad del laboratorio, trazabilidad y confiabilidad del proveedor.

Pureza

Grado en que un producto contiene la sustancia declarada sin impurezas relevantes. La pureza declarada no siempre garantiza esterilidad, seguridad o regulación.

Esterilidad

Ausencia de microorganismos contaminantes. Es especialmente importante en productos destinados a contextos inyectables o estériles.

Cadena de frío

Mantenimiento de temperatura adecuada durante transporte y almacenamiento. Algunos productos pueden degradarse si no se conservan correctamente.

Estabilidad

Capacidad de un compuesto para mantener sus características bajo ciertas condiciones de almacenamiento, temperatura, luz y tiempo.

Trazabilidad

Capacidad de rastrear origen, lote, fabricación, transporte y control de calidad de un producto.

Efecto secundario

Respuesta no deseada o inesperada asociada a un compuesto, producto o intervención. Puede ser leve, moderada o grave.

Señal de alerta

Síntoma, cambio físico, dato de laboratorio o reacción que indica necesidad de detenerse, reevaluar o buscar orientación profesional.

Supervisión profesional

Acompañamiento de un profesional de la salud cualificado para evaluar riesgos, indicaciones, análisis, síntomas, medicamentos y contexto individual.

Contexto individual

Conjunto de factores personales que influyen en la respuesta a una intervención: edad, sexo, salud metabólica, historial médico, medicamentos, genética, hábitos, hormonas, sueño, estrés y objetivos.

Stack

Combinación de varios compuestos o herramientas utilizadas al mismo tiempo. En una guía responsable, un stack debe tener objetivo claro, lógica, medición y supervisión.

Redundancia

Repetición innecesaria de mecanismos o compuestos dentro de una estrategia. Puede aumentar complejidad sin aportar valor claro.

Optimización

Proceso de mejorar una función o resultado. En salud, debe entenderse con prudencia, medición y respeto por la seguridad, no como acumulación de compuestos.

Uso no supervisado

Uso de un producto o compuesto sin evaluación ni seguimiento profesional. Puede aumentar riesgos, especialmente en sustancias que afectan metabolismo, hormonas, inmunidad o sistema nervioso.

Automedicación

Uso de medicamentos, sustancias o productos con intención terapéutica sin indicación ni supervisión profesional. Esta guía no promueve la automedicación.

Producto compuesto

Producto preparado por una farmacia o proveedor de compounding. No siempre es equivalente a un medicamento aprobado comercialmente y debe evaluarse según regulación, calidad y supervisión.

Indicación médica

Uso específico de un medicamento o intervención para una condición determinada, bajo evaluación profesional y según evidencia o regulación aplicable.

Uso experimental

Uso relacionado con investigación o contextos no completamente establecidos. Requiere especial cautela, claridad ética, regulación y supervisión.

Uso comercializado

Forma en que un producto se vende o promociona en el mercado. Que algo se comercialice no significa que esté aprobado, validado o sea apropiado para todos.

Uso educativo

Presentación de información con fines de comprensión, análisis o aprendizaje. En este libro, los ejemplos educativos no constituyen instrucciones de uso.

Referencias y lecturas recomendadas

Esta sección reúne fuentes útiles para ampliar la comprensión sobre péptidos, medicamentos basados en péptidos, seguridad, regulación, metabolismo, hormona de crecimiento, productos inyectables, compounding, prácticas seguras y evaluación responsable.

No todas las fuentes mencionadas hablan de todos los péptidos incluidos en esta guía.

Algunas se relacionan con medicamentos aprobados.

Otras con principios generales de farmacología, seguridad, endocrinología, obesidad, terapias peptídicas o preparación estéril.

El lector debe recordar que las etiquetas oficiales, agencias regulatorias y bases de datos médicas pueden actualizarse con el tiempo. Por eso, cualquier información debe verificarse siempre con fuentes vigentes y con profesionales cualificados.

Agencias regulatorias y bases de datos oficiales

U.S. Food and Drug Administration. Información general sobre medicamentos, productos biológicos, seguridad, etiquetas aprobadas y alertas regulatorias.

European Medicines Agency. Información sobre medicamentos autorizados en la Unión Europea, fichas técnicas, reportes públicos de evaluación y seguridad.

DailyMed. Base de datos de etiquetas de medicamentos en Estados Unidos, mantenida por la U.S. National Library of Medicine.

PubMed / National Library of Medicine. Base de datos de literatura biomédica, revisiones científicas, estudios clínicos y publicaciones revisadas por pares.

ClinicalTrials.gov. Registro de estudios clínicos donde pueden consultarse ensayos activos, completados o en desarrollo sobre medicamentos, péptidos y compuestos relacionados.

World Health Organization. Información general sobre seguridad de medicamentos, productos falsificados, salud pública y criterios internacionales de vigilancia sanitaria.

Centers for Disease Control and Prevention. Recursos sobre prácticas seguras, prevención de infecciones y seguridad en procedimientos médicos.

United States Pharmacopeia. Estándares relacionados con calidad, compounding y preparaciones estériles.

Etiquetas oficiales y documentos regulatorios útiles

U.S. Food and Drug Administration. Prescribing Information: Wegovy, semaglutide injection.

U.S. Food and Drug Administration. Prescribing Information: Ozempic, semaglutide injection.

U.S. Food and Drug Administration. Prescribing Information: Mounjaro, tirzepatide injection.

U.S. Food and Drug Administration. Prescribing Information: Zepbound, tirzepatide injection.

U.S. Food and Drug Administration. Prescribing Information: Egrifta / Egrifta SV, tesamorelin for injection.

U.S. Food and Drug Administration. Prescribing Information: Vyleesi, bremelanotide injection.

DailyMed. Prescribing Information: Somatropin products, including Omnitrope, Norditropin and other regulated human growth hormone formulations.

DailyMed. Prescribing Information: Oxytocin injection products.

European Medicines Agency. European Public Assessment Reports and product information for GLP-1, GIP/GLP-1 and related metabolic medications where applicable.

Estas fuentes son especialmente útiles para diferenciar entre medicamentos aprobados, indicaciones específicas, advertencias oficiales, contraindicaciones, conservación, presentación, forma farmacéutica y límites de uso.

Péptidos terapéuticos y farmacología general

Wang, L., et al. Therapeutic peptides: current applications and future directions. Signal Transduction and Targeted Therapy, 2022.

Zheng, B., et al. Therapeutic Peptides: Recent Advances in Discovery, Synthesis and Clinical Applications. 2025.

Xiao, W., et al. Advance in peptide-based drug development: delivery, discovery and clinical applications. Signal Transduction and Targeted Therapy, 2025.

Han, Y., et al. Peptide Drug: Design and Clinical Applications. 2025.

Estas lecturas ayudan a entender por qué los péptidos son relevantes en medicina moderna, cuáles son sus ventajas, limitaciones, desafíos de estabilidad, vías de administración y desarrollo farmacológico.

Metabolismo, obesidad, GLP-1, GIP y pérdida de peso

Etiquetas oficiales de semaglutide, tirzepatide y otros medicamentos metabólicos aprobados, según país y producto específico.

Wilding, J. P. H., et al. Once-weekly semaglutide in adults with overweight or obesity. The New England Journal of Medicine, 2021.

Jastreboff, A. M., et al. Tirzepatide once weekly for the treatment of obesity. The New England Journal of Medicine, 2022.

Jastreboff, A. M., et al. Triple-hormone-receptor agonist retatrutide for obesity. The New England Journal of Medicine, 2023.

American Diabetes Association. Standards of Care in Diabetes, edición vigente.

Endocrine Society. Guías clínicas y recursos sobre obesidad, metabolismo, diabetes y endocrinología.

Obesity Medicine Association. Recursos educativos sobre obesidad, composición corporal, tratamiento médico y seguimiento.

Estas lecturas ayudan a distinguir entre pérdida de peso, pérdida de grasa, control de apetito, salud metabólica, preservación de masa muscular y uso médico de medicamentos incretínicos.

Hormona de crecimiento, IGF-1 y endocrinología

DailyMed. Prescribing Information: Somatropin products.

Endocrine Society. Clinical practice guidelines related to growth hormone deficiency and endocrine evaluation.

Molitch, M. E., et al. Evaluation and treatment of adult growth hormone deficiency: an Endocrine Society clinical practice guideline. Journal of Clinical Endocrinology & Metabolism, 2011.

Freda, P. U., et al. Pituitary Society guidelines and related consensus statements on growth hormone and IGF-1 monitoring.

U.S. Food and Drug Administration. Prescribing Information: Tesamorelin products.

Estas fuentes son útiles para entender que GH, IGF-1 y secretagogos no deben evaluarse como simples herramientas de rendimiento o estética. También ayudan a contextualizar la importancia de glucosa, IGF-1, síntomas, indicación médica y seguimiento.

Reparación, inflamación y tejido conectivo

PubMed. Revisiones sobre cicatrización, reparación de tejidos, inflamación, tendones, ligamentos y fisiología de recuperación.

National Institutes of Health. Recursos generales sobre lesiones musculoesqueléticas, inflamación y recuperación.

American College of Sports Medicine. Recursos sobre entrenamiento, adaptación, rehabilitación y manejo de cargas.

Journal of Orthopaedic & Sports Physical Therapy. Revisiones y guías sobre tendinopatías, dolor, rehabilitación y retorno progresivo al entrenamiento.

Estas lecturas ayudan a recordar que ningún compuesto reemplaza diagnóstico, fisioterapia, manejo de carga, proteína, sueño y tiempo biológico de reparación.

Sueño, estrés, cognición y salud mental

American Academy of Sleep Medicine. Recursos clínicos y guías sobre sueño, insomnio y apnea del sueño.

National Institute of Mental Health. Información sobre ansiedad, depresión, sueño, estrés y salud mental.

PubMed. Revisiones sobre sueño, ritmo circadiano, estrés, cognición y neuroprotección.

Sleep Foundation. Recursos educativos generales sobre higiene del sueño, aunque siempre deben complementarse con fuentes clínicas cuando hay síntomas persistentes.

Estas lecturas ayudan a contextualizar que el sueño, la ansiedad, la fatiga mental y la concentración pueden tener muchas causas y no deberían reducirse a un solo compuesto.

Hormonas, libido y salud reproductiva

Endocrine Society. Guías clínicas sobre testosterona, eje reproductivo, hipogonadismo y evaluación hormonal.

American College of Obstetricians and Gynecologists. Recursos sobre salud hormonal femenina, ciclo menstrual, menopausia, fertilidad y salud sexual.

Urology Care Foundation. Recursos sobre función sexual masculina, disfunción eréctil, salud vascular y evaluación médica.

International Society for the Study of Women's Sexual Health. Recursos sobre deseo sexual, función sexual femenina y abordaje clínico.

U.S. Food and Drug Administration. Prescribing Information: Vyleesi, bremelanotide injection.

Estas fuentes ayudan a recordar que libido, fertilidad, función sexual y respuesta hormonal son multifactoriales y requieren evaluación integral.

Inmunidad, longevidad y bioregulation

National Institute on Aging. Recursos sobre envejecimiento saludable, función física, sueño, nutrición, fuerza y prevención.

PubMed. Revisiones sobre inmunosenescencia, inflamación crónica, envejecimiento saludable y biomarcadores.

World Health Organization. Recursos sobre envejecimiento saludable y salud pública.

Nature Aging, Aging Cell y Journals of Gerontology. Revistas científicas con publicaciones sobre envejecimiento, inflamación, salud metabólica, función inmune y longevidad.

Estas fuentes son útiles para evitar que la palabra "longevidad" se convierta en una promesa comercial sin definición clara.

Seguridad, compounding y productos inyectables

Centers for Disease Control and Prevention. One & Only Campaign: safe injection practices.

United States Pharmacopeia. General Chapter <797>: Pharmaceutical Compounding – Sterile Preparations.

U.S. Food and Drug Administration. Recursos sobre compounding, medicamentos no aprobados, productos falsificados y alertas de seguridad.

DailyMed. Etiquetas oficiales de medicamentos inyectables aprobados.

Institute for Safe Medication Practices. Recursos sobre errores de medicación, concentración, preparación y seguridad.

Estas fuentes son importantes para comprender riesgos de contaminación, esterilidad, almacenamiento, etiquetado, concentración, errores de medición y diferencias entre productos aprobados, compuestos, research o no regulados.

Calidad, falsificación y productos no regulados

U.S. Food and Drug Administration. Alertas sobre medicamentos falsificados, productos no aprobados y versiones ilegales de medicamentos metabólicos.

World Health Organization. Alertas sobre productos médicos falsificados y de calidad subestándar.

European Medicines Agency. Comunicados sobre medicamentos falsificados y venta ilegal de productos regulados.

National Association of Boards of Pharmacy. Recursos sobre farmacias en línea, riesgos de productos no verificados y compra segura de medicamentos.

Estas lecturas ayudan a reforzar un punto central de esta guía: la calidad del producto es parte de la seguridad.

Laboratorios, biomarcadores y seguimiento

American Diabetes Association. Standards of Care in Diabetes, edición vigente.

American Heart Association. Recursos sobre presión arterial, riesgo cardiovascular, lípidos y salud metabólica.

Endocrine Society. Recursos sobre evaluación hormonal, metabolismo, tiroides, GH e IGF-1.

National Institutes of Health. Recursos sobre vitamina D, B12, ferritina, inflamación y marcadores generales de salud.

Lab Tests Online / Testing.com. Recurso educativo para entender análisis de laboratorio, siempre complementado con interpretación profesional.

Estas fuentes pueden ayudar al lector a entender por qué medir glucosa, insulina, A1c, lípidos, función hepática, función renal, hormonas, IGF-1, presión arterial y otros marcadores puede ser importante según el contexto.

Lecturas recomendadas para criterio general

Goodman & Gilman's The Pharmacological Basis of Therapeutics. Texto de referencia sobre farmacología.

Williams Textbook of Endocrinology. Texto de referencia sobre endocrinología.

Harrison's Principles of Internal Medicine. Texto de referencia sobre medicina interna.

Guyton and Hall Textbook of Medical Physiology. Texto de referencia sobre fisiología humana.

Estas obras no son específicas de péptidos comerciales, pero ayudan a entender principios generales de fisiología, farmacología, endocrinología, metabolismo y seguridad clínica.

Nota sobre el uso de referencias

Las referencias incluidas en esta sección no convierten esta guía en una recomendación médica ni validan el uso de productos no aprobados, blends comerciales o sustancias research.

Su función es orientar al lector hacia fuentes más serias y ayudar a diferenciar entre información educativa, evidencia clínica, etiquetas oficiales, investigación preliminar y marketing.

Antes de tomar cualquier decisión relacionada con péptidos, hormonas, medicamentos metabólicos, productos inyectables o sustancias de investigación, el lector debe consultar con un profesional de la salud cualificado y revisar la información oficial vigente del producto correspondiente.

www.ingramcontent.com/pod-product-compliance
Lightning Source LLC
LaVergne TN
LVHW050801061126
851857LV00012B/632
9798999999894